圖解 肌肉與關節
運動‧結構‧保健

日本鋼管醫院復健科技師長‧醫學博士 **川島敏生**—著

日本鋼管醫院副院長‧醫學博士 **栗山節郎**—監修

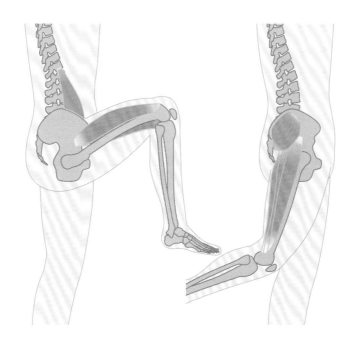

瑞昇文化

本書的架構與編排

第1章

部位別
肌肉・關節的
運作與結構

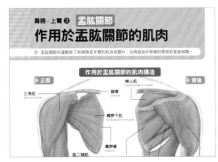

依照人體各個部位，以精緻的圖片再現骨頭・關節・肌肉的構造，並且詳加說明骨頭・關節・肌肉的運作！

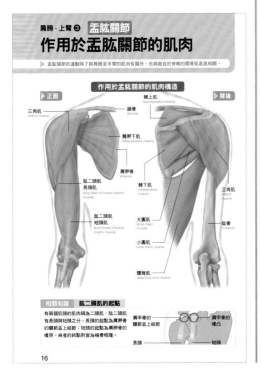

第2章 日常動作別
肌肉・關節的
運作與結構

依照「行走」、「站起身」等日常生活中的動作，說明動作模式、關節運作與肌肉功用！

本書依照「部位別」、「日常動作別」、「運動別」，以精緻的圖片詳細解說構成人體的肌肉・關節的運作與功用。並且依照「競賽別」解說競賽中常發生的運動傷害，以淺顯易懂的方式介紹受傷機轉與復健運動的方法。

依照「跑步」、「投擲」等運動動作，說明關節運作與肌肉功用！

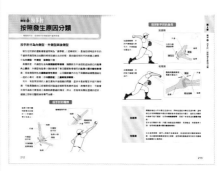

依照「棒球」、「足球」等競賽運動項目，說明運動傷害發生的原因與復健運動的方法！

100公尺短跑中著地與離地的各關節角度

著地時的下肢關節與速度無關，但離地時則與速度有些許關連。

●髖關節

著地時的角度
135°〜150°

離地時的角度
185°〜200°

●膝關節

著地時的角度
150°〜155°

離地時的角度
145°〜160°

●踝關節

著地時的角度
85°〜90°

離地時的角度
108°〜115°

153

棒球 ❻ 投手肘
按照發生原因分類

▶ 罹患投手肘，投球時手肘會感到不適與疼痛

投手肘分為內側型、外側型與後側型

發生在肘部的運動傷害通常稱為「**投手肘**」（或棒球肘），是指投球時因手肘的不適與疼痛而無法如願的將球投擲出去的狀態。是妨礙投球的手肘病變之總稱，分為**內側型、外側型、後側型**三種。

具體而言，內側型包含**內側副韌帶損傷**、腕關節及手指屈肌起始部位的**肱骨內上髁炎**；外側型有肱骨小頭的軟骨下骨及關節軟骨壞死的**肱骨小頭離斷性軟骨炎**；而後側型則包含**鷹嘴疲勞性骨折**，以及關節囊內存在不與關節結構體連結在一起的小骨片、軟骨（亦稱**關節鼠**）之**鷹嘴窩游離體**。

另外，有些常投球的人會反應有手指發麻的問題，這多半是前臂至手部尺側受損，可能是胸廓出口症候群或肘隧道症候群等疾患所造成。病情若惡化，可能會出現手指肌力衰落或小魚際肌群萎縮的情況。所以，若發現有類似這樣的症狀，建議立即前往醫院接受專門治療。

投手肘的種類

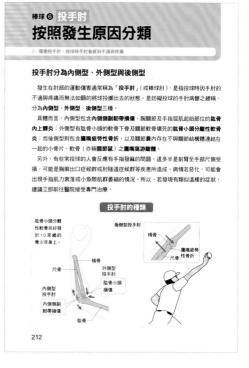

肱骨小頭分離性軟骨炎好發於10來歲的青少年身上。

橈骨

尺骨

內側型投手肘

內側副韌帶損傷

外側型投手肘

肱骨小頭損傷

後側型投手肘

橈骨

尺骨

鷹嘴疲勞性骨折

肱骨

212

3

目錄　　本書的架構與編排 ———————————————————————— 2

前言 ———————————————————————————————————— 8

第**1**章

部位別　肌肉・關節的運作與結構

肩膀・上臂
① **肩關節**　構成肩關節的骨頭與構造　　10
② **盂肱關節**　構造與特徵　　12
③ **盂肱關節**　作用於盂肱關節的肌肉　　16
④ **肩胛胸廓關節**　作用於肩胛胸廓關節的肌肉　　18

手肘・前臂
① **肘關節・前臂**　構成肘關節、前臂的骨頭與構造　20
② **肘關節**　作用於肘關節的韌帶　　22
③ **肘關節**　作用於肘關節的肌肉　　24
④ **前臂**　作用於前臂的肌肉　　26

手・手指
① **腕關節・手指**　構成腕關節、手指的骨頭與構造　28
② **腕關節**　作用於腕關節的肌肉　　30
③ **手指**　作用於手指的肌肉　　32

骨盆～膝蓋
① **骨盆・髖關節**　構成骨盆、髖關節的骨頭與構造　36
② **髖關節**　作用於髖關節的肌肉　　38
③ **膝關節**　構成膝關節的骨頭與構造　　42
④ **髕骨**　構造與功能　　44
⑤ **股四頭肌**　結構與功用　　46
⑥ **大腿後肌**　結構與功用　　48

足部
① **踝關節・足部**　構成踝關節、足部的骨頭與構造　50
② **足部**　足弓的結構與特徵　　52
③ **足部**　作用於足部的肌肉　　54

脊柱
① **脊柱（脊椎）**　構成脊柱的骨頭與構造　　58
② **脊柱**　作用於脊柱的韌帶與椎間盤　　60
③ **頸椎**　構成頸椎的骨頭與構造　　62
④ **頸部**　作用於頸部的肌肉　　64

胸廓・腰部
① **胸廓**　構成胸廓的骨頭與構造　　66
② **腰椎**　構成腰椎的骨頭與構造　　68
③ **腰部**　作用於腰部的肌肉　　70

〔專欄〕醫療現場① ———————————————————————— 72

第2章 日常動作別 肌肉‧關節的運作與結構			
翻　身	❶	動作與模式	74
	❷	動作模式別的特徵	76
起　身	❶	動作與模式	78
	❷	隨成長而改變的起身動作	80
從地上站起身	❶	動作與模式	82
	❷	不同動作使用不同肌肉	84
從座椅上站起來	❶	動作分期與重心	86
	❷	不同動作使用不同關節	88
	❸	不同動作使用不同肌肉	90
	❹	座椅高度、速度的影響	92
一般行走	❶	行走的定義	94
	❷	功能性的行走步態分期	96
	❸	矢狀切面、橫切面上的關節角度	98
	❹	額切面上的上肢關節角度	100
	❺	重心的移動與效率	102
	❻	上下、左右、前後的地面反作用力	104
	❼	作用於關節上的肌肉力矩	106
	❽	行走時的肌肉活動	108
	❾	行走方式會因成長、年齡增長而有所改變	110
	❿	雙腳支撐期會因成長、年齡增長而有所改變	112
	⓫	行走速度影響行走步態	114
坡道行走	❶	行走上坡路時的關節、肌肉變化	116
	❷	行走下坡路時的關節、肌肉變化	118
上下階梯	❶	上階梯時的關節、肌肉變化	120
	❷	下階梯時的關節、肌肉變化	122
	❸	上下階梯動作的肌肉力矩	124
	❹	高齡者上下階梯時的動作特徵	126
側　走	❶	動作分期與關節運動	128
	❷	側走時的肌肉活動	130
跨越動作	❶	動作分期與特徵	132
	❷	跨越動作的下肢運動	134
提舉動作	❶	腰部的負荷	136
	❷	安全的提舉動作	138
	❸	前屈式動作與蹲踞式動作	140
〔專欄〕醫療現場②			142

第 **3** 章

運動別　肌肉・關節的運作與結構

跑　步	❶ 跑步的定義	144
	❷ 跑步時的關節運動與肌肉活動	146
	❸ 短跑時的關節運動	148
	❹ 跑步的運動力學	150
	❺ 競賽跑步的步態分析	152
跳　躍	❶ 動作種類與垂直跳躍	154
	❷ 垂直跳躍的運動力學	156
	❸ 跳遠的動作分析	158
轉換方向的動作	● 轉換方向動作的分析	160
投擲動作	❶ 動作的種類與演進	162
	❷ 投球動作的分類	164
	❸ 投球動作與肌肉活動	166
踢球動作	❶ 能量傳導與踢球	168
	❷ 自由球的分析	170
揮桿動作	● 高爾夫球揮桿動作的肌肉活動	174

〔專欄〕醫療現場③ ……………… 178

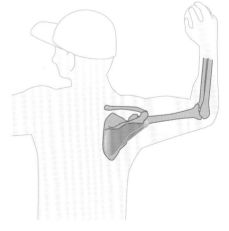

第 **4** 章

競賽別　容易發生的運動傷害與復健運動的方法

運動傷害	●	運動傷害的種類與發生原因	180
田徑競賽	❶	競賽特性與容易發生的運動傷害	182
	❷	**跑步傷害**　按照發生原因分類	184
	❸	**跑步傷害**　代表性運動傷害	186
籃　球	●	競賽特性與容易發生的運動傷害	192
排　球	●	競賽特性與容易發生的運動傷害	196
棒　球	❶	競賽特性與容易發生的運動傷害	200
	❷	**投手肩**　依發生原因來分類	204
	❸	**投手肩**　肩部的自我檢測重點	206
	❹	**投手肩**　復健運動的方法	208
	❺	**投手肩**　練習不會造成肩膀負荷的投球方法	210
	❻	**投手肘**　按照發生原因分類	212
	❼	**投手肘**　手肘的自我檢測重點	214
	❽	**投手肘**　復健運動的方法	215
足　球	❶	競賽特性與容易發生的運動傷害	216
	❷	**踝關節扭傷**　踝關節的機能解剖	218
	❸	**踝關節扭傷**　病況與症狀	219
	❹	**踝關節扭傷**　復健運動的方法	220
	❺	**踝關節扭傷**　預防再度復發的訓練	222
橄欖球	❶	競賽特性與容易發生的運動傷害	224
	❷	**膝內側側副韌帶損傷**　治療方法與預防方法	226
	❸	**肩鎖關節損傷**　復健運動的方法	228
網　球	❶	競賽特性與容易發生的運動傷害	230
	❷	**網球肘**　病況與症狀	234
	❸	**網球肘**　肘部的自我檢測重點	236
	❹	**網球肘**　復健運動的方法	238

索引 240

在我的上部作品中為大家說明了人體部位別的機能解剖、運動學所需的知識與名詞解釋、人體基本動作與各個動作帶給人體的負荷，以及競賽運動中常發生的運動傷害與治療方法等等。

這次將進一步針對日常生活中習以為常的動作、行走、跑步，以及競賽運動中的基本動作，如跳躍、投球、踢球等動作，進行更詳細的解說。

除此之外，也將針對一些較具代表性的競賽運動項目，說明競賽特性與容易發生的運動傷害，並且再進一步介紹受傷後的各種復健運動的方法。

雖然都是一些日常生活中再自然不過的動作，但只要詳加分析，就可以瞭解我們平時是否確實活用我們的身體，或者隨著成長與年紀增長，身體又會有什麼樣的變化。

在動作分析領域中，專門用語及專業定義非常多，對讀者來說或許不是那麼容易理解，針對這一點，在這本書中我致力於使用淺顯易懂的文字，搭配大量的插圖，讓大家可以輕鬆瞭解肌肉、關節的構造與其運作的原理。

基本上，人類可以不拖泥帶水的、更有效能的做出日常生活中各種習以為常的動作與競賽運動，但隨著年紀增長帶來的改變，若錯誤使用身體，不但會造成身體各肢段的負擔，還會進一步造成傷害。衷心期盼能夠透過這本書的介紹與解說，讓各位讀者更加瞭解人體的構造與運作的原理，進而更健康快樂的面對增齡與享受運動之樂。

川島 敏生

第1章

部位別
肌肉・關節的
運作與結構

構成肩關節的骨頭與構造

▶ 肩關節分為廣義的肩關節複合體及狹義的盂肱關節

肩胛部位的骨頭與關節

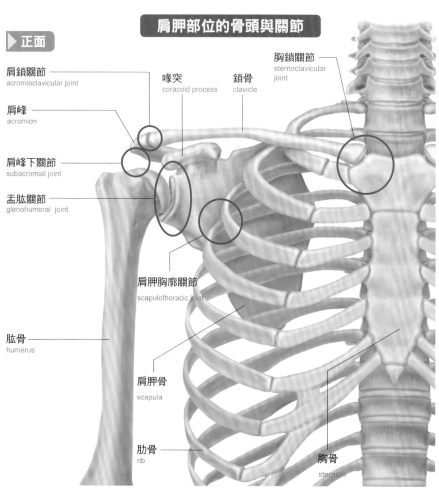

正面

肩鎖關節
acromioclavicular joint

肩峰
acromion

肩峰下關節
subacromial joint

盂肱關節
glenohumeral joint

喙突
coracoid process

鎖骨
clavicle

胸鎖關節
sternoclavicular joint

肩胛胸廓關節
scapulothoracic joint

肱骨
humerus

肩胛骨
scapula

肋骨
rib

胸骨
sternum

上肢（人體肢段的一部分）			上肢與軀幹藉由肩帶（肩胛骨、鎖骨）連接。肩關節使上肢具有極大的可動性。	軀幹	
上臂	**前臂**	**手・手指**		●頭部	●頸部
●肱骨	●尺骨 ●橈骨	●腕骨 ●掌骨 ●指骨		●胸部 ●骨盆部	●腹部

解剖學上的關節與機能上的關節

肩關節有廣義與狹義之分。「**廣義的肩關節**」指的是由胸骨、鎖骨、肩胛骨、肋骨、肱骨所組成的肩關節複合體;「**狹義的肩關節**」則單指肩胛骨與肱骨構成的關節（盂肱關節）。

廣義的肩關節包含三個**解剖學上的關節**（骨與骨連接在一起的關節）及二個**機能上的關節**（骨與骨沒有連接在一起,但具有關節的功能）。

解剖學上的關節

1 盂肱關節（狹義的肩關節）

肩胛骨關節盂與肱骨之間的關節,可動範圍最大,在矢狀切面、額切面、橫切面三種基本平面上都可以動作（自由度3）。

2 肩鎖關節

肩胛骨（肩峰）與鎖骨之間的關節,自由度3,可動範圍小。

3 胸鎖關節

胸骨與鎖骨之間的關節,自由度3,可動範圍小。

機能上的關節

1 肩峰下關節

位於肱骨與上頭的肩峰之間的滑動處,又稱「第二肩關節」。就機能上來說,肩峰下關節非常重要,但這個部位卻也非常容易受傷。

2 肩胛胸廓關節

肩胛骨前側與胸廓後外側之間的機能性關節,讓肩胛骨能在肋骨上方的肌肉中滑動。這個部位的可動性使肩關節複合體能夠有更大的活動範圍。

相關知識 **肩胛骨運動**

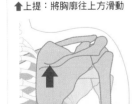

⬆上提:將胸廓往上方滑動

⬇下壓:將胸廓往下方滑動

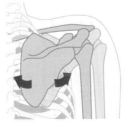

↗內收:將肩胛骨的內側往身體中心滑動

↘外展:將肩胛骨的內側往前外側滑動

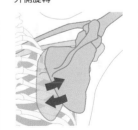

↗向上旋轉:將肩胛骨下角往上外側旋轉

↙向下旋轉:從向上旋轉的位置旋轉至原本的位置

構造與特徵

▶ 盂肱關節擁有大範圍的可動性，但穩定度差

盂肱關節的構造

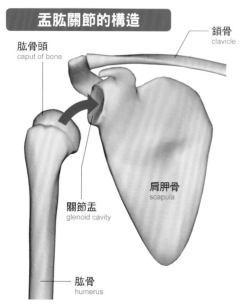

肱骨頭
caput of bone

鎖骨
clavicle

關節盂
glenoid cavity

肩胛骨
scapula

肱骨
humerus

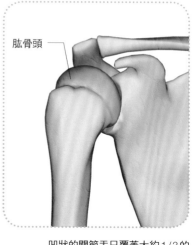

肱骨頭

凹狀的關節盂只覆蓋大約1/3的
凸狀肱骨頭，嵌合面積小。

盂肱關節	
骨頭	**關節盂**
肱骨頂端的大凸狀部位	肩胛骨上淺凹狀部位

因關節盂只覆蓋大約1/3的肱骨頭，嵌合面積小，可動範圍就變得非常大，再加上與肩胛骨的連動，活動範圍更大。

相關知識　互鎖機制

因關節盂位於向上旋轉的位置上，施加於關節囊上方的張力與重力的合力對肱骨頭的關節盂產生壓力，肱骨頭就被壓進關節盂中。

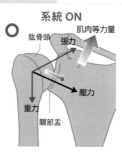

系統 ON

肌肉等力量

肱骨頭

張力

壓力

重力

關節盂

若沒有肌肉等的作用力，關節盂就無法向上旋轉，來自肱骨頭的壓力會減弱，肱骨頭會向下方滑動。

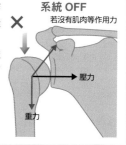

系統 OFF

若沒有肌肉等作用力

壓力

重力

靜態‧動態穩定結構的機制

先天構造不穩定的盂肱關節，有兩個可以提高穩定性的結構，一為「**靜態穩定結構**」；一為「**動態穩定結構**」。

靜態穩定結構 無法使盂肱關節隨意運動，但對於關節盂來說，能夠將肱骨頭限制在一定的方向。	**1** 關節囊（韌帶）	關節囊外層局部增厚，並以纖維性結締組織加以補強，這個部分稱為**肩盂肱韌帶**。由上至下可分為上肩盂肱韌帶（**SGHL**）、中肩盂肱韌帶（**MGHL**）、下肩盂肱韌帶（**IGHLC**）三個部分。主要限制方向分別是，上肩盂肱韌帶防止肱骨頭向下移動；中肩盂肱韌帶防止肱骨頭向前移動；下肩盂肱韌帶的前側是防止外展、外轉、後側則防止屈曲、內轉。喙肱韌帶，同上肩盂肱韌帶在肩外展時防止肱骨頭向下移動。
	2 肩盂唇	肩盂唇是沿著關節盂邊緣的**環狀纖維軟骨**增厚構造。肩盂唇可以使關節盂的深度加深50%，增加關節接觸面積，進而使肱骨頭更加穩定。
	3 關節盂的傾斜	肩胛骨的關節盂垂直向**上傾斜5度**左右，與韌帶共同作用，防止肱骨頭向下移動。
	4 關節腔的內壓	關節腔內呈負壓狀態。關節盂吸附肱骨頭的吸盤作用因負壓而得到增強。
動態穩定結構 對關節盂來說，藉由肌肉的收縮能夠將肱骨頭限制在一定的方向。	**1** 旋轉肌群	**旋轉肌群**包含棘上肌、棘下肌、小圓肌、肩胛下肌，整體呈板狀結構以增加關節囊的穩定性。棘上肌從上方，棘下肌與小圓肌從後方，肩胛下肌則從前方包覆關節囊。旋轉肌群產生的肌力，不僅作用於肱肌的運動（內轉、外轉、外展），還可以讓肱骨頭朝向中心，**穩定關節盂**。
	2 其他肌肉	當關節外展、外轉時，**肱二頭肌肌腱**有助於前方的穩定性，在投球動作中擔負相當重要的角色。**三角肌**相當強而有力，以動態限制結構來說，對維持肩關節的穩定性有非常大的貢獻。

13

與穩定結構有關的組織

▶ 正面（剖面）

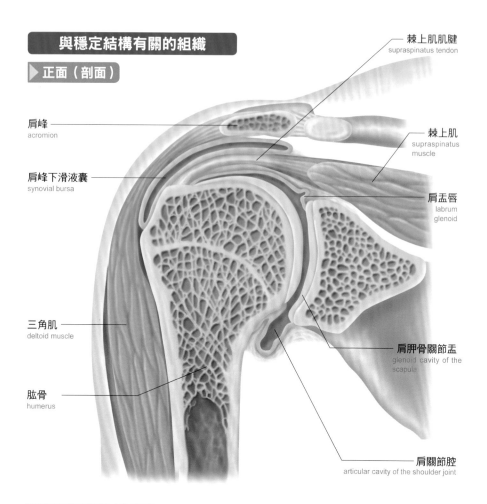

棘上肌肌腱
supraspinatus tendon

肩峰
acromion

棘上肌
supraspinatus muscle

肩峰下滑液囊
synovial bursa

肩盂唇
labrum glenoid

三角肌
deltoid muscle

肩胛骨關節盂
glenoid cavity of the scapula

肱骨
humerus

肩關節腔
articular cavity of the shoulder joint

相關知識 **肩關節的運動表現**

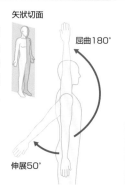

屈曲・伸展
矢狀切面上的運動，體節（與其他部位分離的部分）互相靠近的運動稱為「屈曲」，反之則稱為「伸展」。

矢狀切面

屈曲180°

伸展50°

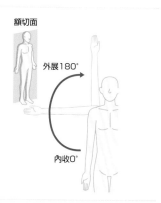

外展・內收
額切面上的運動，體節離開身體中心的運動稱為「外展」，反之則稱為「內收」。

額切面

外展180°

內收0°

▶側面（剖面）

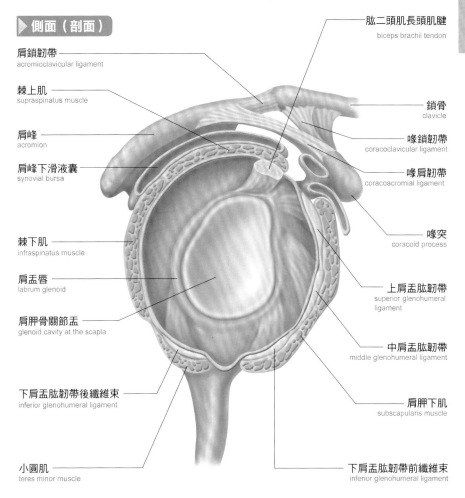

肩鎖韌帶
acromioclavicular ligament

棘上肌
supraspinatus muscle

肩峰
acromion

肩峰下滑液囊
synovial bursa

棘下肌
infraspinatus muscle

肩盂唇
labrum glenoid

肩胛骨關節盂
glenoid cavity at the scapla

下肩盂肱韌帶後纖維束
inferior glenohumeral ligament

小圓肌
teres minor muscle

肱二頭肌長頭肌腱
biceps brachii tendon

鎖骨
clavicle

喙鎖韌帶
coracoclavicular ligament

喙肩韌帶
coracoacromial ligament

喙突
coracoid process

上肩盂肱韌帶
superior glenohumeral ligament

中肩盂肱韌帶
middle glenohumeral ligament

肩胛下肌
subscapularis muscle

下肩盂肱韌帶前纖維束
inferior glenohumeral ligament

外轉‧內轉

橫切面上的運動，起始肢體位置下，由前面往外側的運動稱為「外轉」，反之則稱為「內轉」。

旋後‧旋前

前臂向外側旋轉的運動稱為「旋後」，向內旋轉的運動則稱為「旋前」。

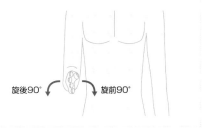

作用於盂肱關節的肌肉

▶ 盂肱關節的運動除了與肩膀至手臂的肌肉有關外，也與起自於脊椎的闊背肌息息相關。

作用於盂肱關節的肌肉構造

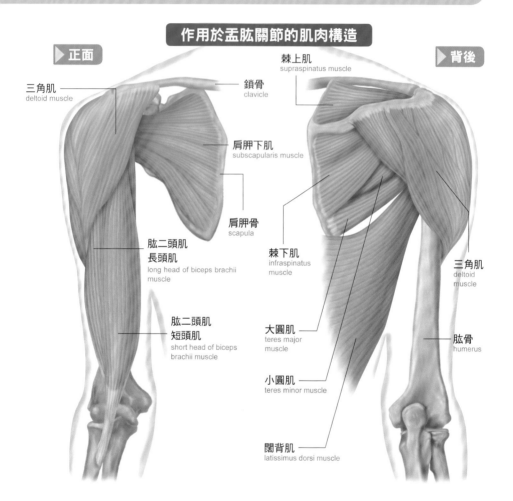

▶ 正面

三角肌
deltoid muscle

鎖骨
clavicle

棘上肌
supraspinatus muscle

▶ 背後

肩胛下肌
subscapularis muscle

肱二頭肌
長頭肌
long head of biceps brachii
muscle

肩胛骨
scapula

肱二頭肌
短頭肌
short head of biceps
brachii muscle

棘下肌
infraspinatus
muscle

大圓肌
teres major
muscle

小圓肌
teres minor muscle

闊背肌
latissimus dorsi muscle

三角肌
deltoid
muscle

肱骨
humerus

相關知識 | **肱二頭肌的起點**

有兩個肌頭的肌肉稱為二頭肌，肱二頭肌
有長頭與短頭之分。長頭的起點為肩胛骨
的關節盂上結節；短頭的起點為肩胛骨的
喙突。兩者的終點則皆為橈骨粗隆。

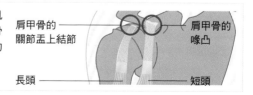

肩甲骨的
關節盂上結節

肩甲骨的
喙凸

長頭

短頭

盂肱關節的運作與作用的肌肉

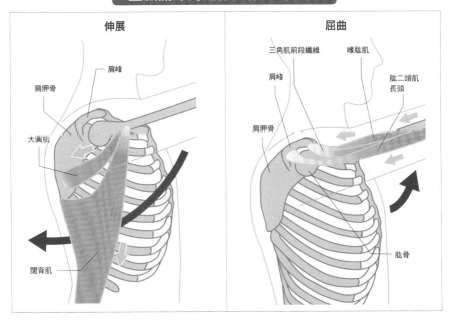

伸展	屈曲

伸展 — 肩峰、肩胛骨、大圓肌、闊背肌

屈曲 — 三角肌前段纖維、喙肱肌、肩峰、肩胛骨、肱二頭肌長頭、肱骨

▲伸展肌	三角肌後段纖維、大圓肌、闊背肌
▲屈曲肌	三角肌前段纖維、喙肱肌、肱二頭肌長頭為輔助肌肉
▼內收肌	大圓肌、闊背肌
▼外展肌	三角肌中部纖維、棘上肌（將三角肌的收縮力量轉換成盂肱關節的外展扭力）
▼內轉肌	肩胛下肌、闊背肌、大圓肌（內轉肌群無論在肌肉量還是肌力上都比外轉肌肉來得大）
▼外轉肌	棘下肌、小圓肌

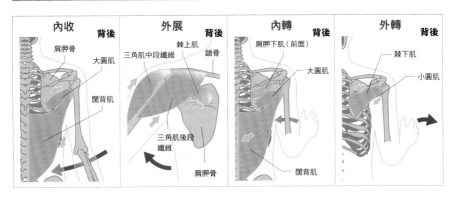

內收 背後	外展 背後	內轉 背後	外轉 背後

內收 — 肩胛骨、大圓肌、闊背肌

外展 — 三角肌中段纖維、棘上肌、鎖骨、三角肌後段纖維、肩胛骨

內轉 — 肩胛下肌（前面）、大圓肌、闊背肌

外轉 — 棘下肌、小圓肌

作用於肩胛胸廓關節的肌肉

▶ 將肩胛骨固定於胸廓，輔助作用於盂肱關節的肌肉

作用於肩胛胸廓關節的肌肉構造

▶ 背後

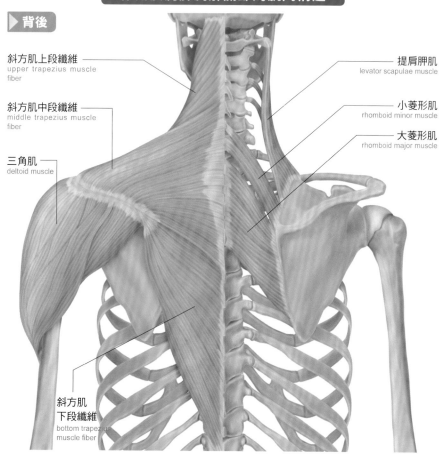

斜方肌上段纖維
upper trapezius muscle
fiber

斜方肌中段纖維
middle trapezius muscle
fiber

三角肌
deltoid muscle

提肩胛肌
levator scapulae muscle

小菱形肌
rhomboid minor muscle

大菱形肌
rhomboid major muscle

斜方肌
下段纖維
bottom trapezius
muscle fiber

| 相關知識 | 表層肌肉（outer muscle）與深層肌肉（inner muscle） | ＊非正式解剖用語 |

表層肌肉	深層肌肉
較接近皮膚表面的肌肉，擁有較大肌力的肌群。	位於較深層，肌力相對較小的肌群。
例如 三角肌、肱二頭肌、闊背肌等。	例如 小圓肌、肩胛下肌、棘上肌、棘下肌等。

肩胛骨的運作與作用的肌肉

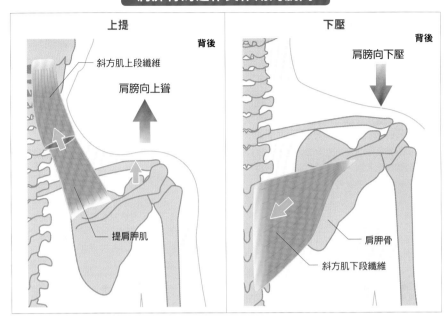

▲ 上提肌	斜方肌上段纖維、提肩胛肌（在這些肌肉的作用下，肩胛骨可以將關節盂固定在朝向上方的位置上）
▲ 下壓肌	斜方肌下段纖維
▼ 外展肌	前鋸肌
▼ 內收肌	斜方肌中段纖維、菱形肌
▼ 向上旋轉肌	整體斜方肌（盂肱關節外展時，負責協調工作）
▼ 向下旋轉肌	菱形肌

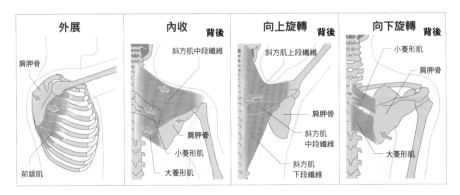

構成肘關節、前臂的骨頭與構造

▷ 起自於肘關節的前臂由肱骨、尺骨、橈骨構成

構成起自於肘關節之前臂的骨頭

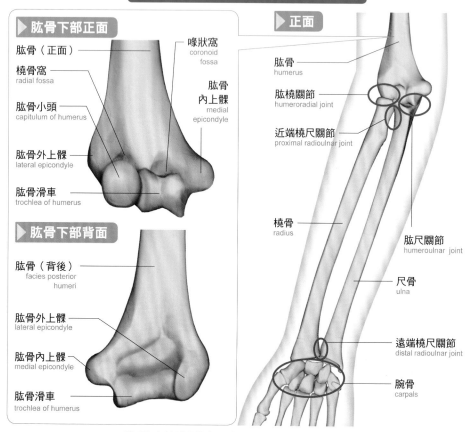

▶ 肱骨下部正面

- 肱骨（正面）
- 橈骨窩 radial fossa
- 肱骨小頭 capitulum of humerus
- 肱骨外上髁 lateral epicondyle
- 肱骨滑車 trochlea of humerus
- 喙狀窩 coronoid fossa
- 肱骨內上髁 medial epicondyle

▶ 肱骨下部背面

- 肱骨（背後）facies posterior humeri
- 肱骨外上髁 lateral epicondyle
- 肱骨內上髁 medial epicondyle
- 肱骨滑車 trochlea of humerus

▶ 正面

- 肱骨 humerus
- 肱橈關節 humeroradial joint
- 近端橈尺關節 proximal radioulnar joint
- 橈骨 radius
- 肱尺關節 humeroulnar joint
- 尺骨 ulna
- 遠端橈尺關節 distal radioulnar joint
- 腕骨 carpals

構成起自於肘關節之前臂的骨頭有**肱骨**、**尺骨**和**橈骨**。

肱橈關節	位於肱骨遠端外側的肱骨小頭與位於橈骨近端的杯狀橈骨窩所形成的關節。
肱尺關節	肱骨滑車和尺骨滑車切跡一拍即合，是個穩定度相當高的關節。
近端橈尺關節	連結構成前臂的橈骨與尺骨的關節。
遠端橈尺關節	

上臂與前臂的關節

▶ 外側面

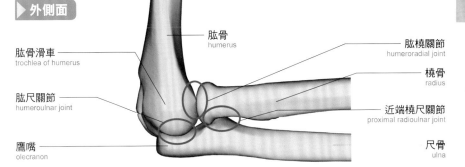

肱骨
humerus

肱骨滑車
trochlea of humerus

肱尺關節
humeroulnar joint

鷹嘴
olecranon

肱橈關節
humeroradial joint

橈骨
radius

近端橈尺關節
proximal radioulnar joint

尺骨
ulna

肱骨與橈骨形成的**肱橈關節**，在肘關節呈伸展狀態下幾乎不會互相接觸。

▶ 正面　　## 橈骨・尺骨的構造　　▶ 背面

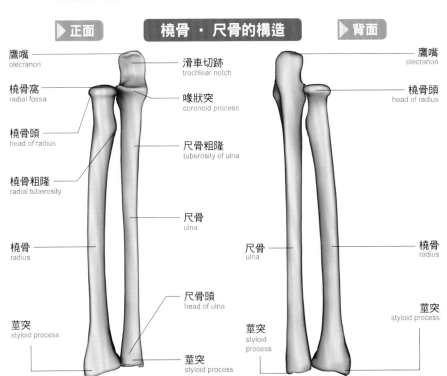

鷹嘴
olecranon

橈骨窩
radial fossa

橈骨頭
head of radius

橈骨粗隆
radial tuberosity

橈骨
radius

莖突
styloid process

滑車切跡
trochlear notch

喙狀突
coronoid process

尺骨粗隆
tuberosity of ulna

尺骨
ulna

尺骨頭
head of ulna

莖突
styloid process

鷹嘴
olecranon

橈骨頭
head of radius

尺骨
ulna

莖突
styloid process

橈骨
radius

莖突
styloid process

相關知識　屈戌關節與球窩關節

連結肱骨與尺骨的肱尺關節是屈戌關節；連結肱骨與橈骨的肱橈關節則是球窩關節。屈戌關節只能單一方向運動，而球窩關節則可以各個方向運動。

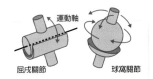

運動軸

屈戌關節　　　球窩關節

作用於肘關節的韌帶

▶ 藉由附著於骨頭上的橈側副韌帶與內側側副韌帶來穩定、控制肘關節的運動

手肘韌帶

正面

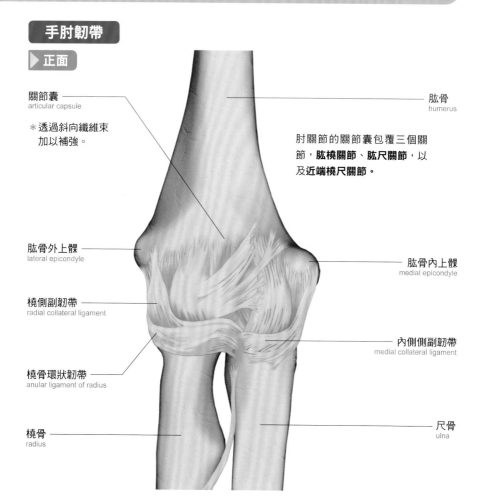

關節囊
articular capsule

＊透過斜向纖維束
加以補強。

肱骨
humerus

肘關節的關節囊包覆三個關節，**肱橈關節**、**肱尺關節**，以及**近端橈尺關節**。

肱骨外上髁
lateral epicondyle

橈側副韌帶
radial collateral ligament

橈骨環狀韌帶
anular ligament of radius

橈骨
radius

肱骨內上髁
medial epicondyle

內側側副韌帶
medial collateral ligament

尺骨
ulna

內側側副韌帶	附著於肱骨內上髁至尺骨上，控制手肘的外翻運動（手肘在伸展狀態下，朝向外側的動作）。	肱尺關節提供肘關節相當高的支撐力，再加上兩側的橈側副韌帶與內側側副韌帶，更強化了肘關節的穩定性。
橈側副韌帶	附著於肱骨外上髁至橈骨與尺骨上，控制手肘的內翻運動（與外翻相反的動作）。	

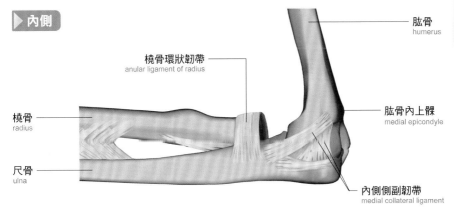

▶內側

肱骨
humerus

橈骨環狀韌帶
anular ligament of radius

橈骨
radius

尺骨
ulna

肱骨內上髁
medial epicondyle

內側側副韌帶
medial collateral ligament

位於近端橈尺關節的橈骨環狀韌帶以環狀方式包覆橈骨頭，將尺骨維持在橈骨近端。當前臂做出旋前、旋後動作時，橈骨頭會在環狀韌帶中進行繞軸迴旋運動（關節面的某一點在相對於該面上的某一點進行迴旋運動）。

相關知識 **肘關節與前臂的運動**

肘關節 屈曲與伸展

肘關節於矢狀切面上的運動，體節（與其他部位分離的部分）互相靠近的運動稱為「屈曲」，反之則稱為「伸展」。

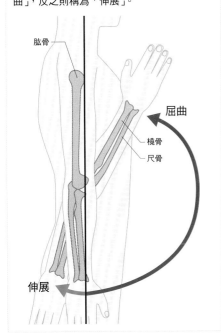

肱骨

屈曲

橈骨
尺骨

伸展

前臂 旋前與旋後

以肘關節彎曲90度（大拇指朝上的位置）為中間位置，掌心向下的運動稱為「旋前」；掌心向上的運動稱為「旋後」。

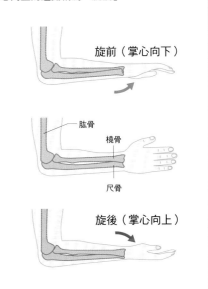

旋前（掌心向下）

肱骨
橈骨

尺骨

旋後（掌心向上）

前臂的可動範圍：旋前、旋後皆為90度左右。

23

作用於肘關節的肌肉

▶ 肘關節的運動仰賴肱二頭肌等屈曲肌群、肱三頭肌等伸展肌群的運作

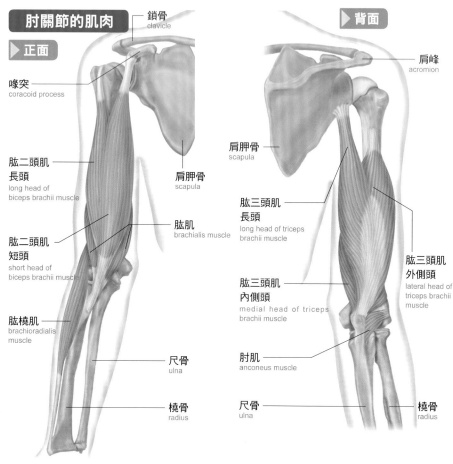

肘關節的肌肉

正面

鎖骨
clavicle

喙突
coracoid process

肱二頭肌
長頭
long head of
biceps brachii muscle

肩胛骨
scapula

肱肌
brachialis muscle

肱二頭肌
短頭
short head of
biceps brachii muscle

肱橈肌
brachioradialis
muscle

尺骨
ulna

橈骨
radius

背面

肩峰
acromion

肩胛骨
scapula

肱三頭肌
長頭
long head of triceps
brachii muscle

肱三頭肌
外側頭
lateral head of
triceps brachii
muscle

肱三頭肌
內側頭
medial head of triceps
brachii muscle

肘肌
anconeus muscle

尺骨
ulna

橈骨
radius

相關知識 **肘關節的生理性外偏**

肘關節在伸展狀態下做出旋後動作（掌心向前）的話，會在額切面上形成一個15度左右的外偏角。這樣的情況稱之為生理性肘外偏，而這個角度就稱為外偏角或提物角度（carryng angle）。

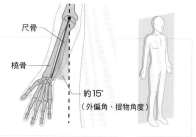

尺骨

橈骨

約15°
（外偏角、提物角度）

肘關節的運動與作用的肌肉

屈曲	伸展
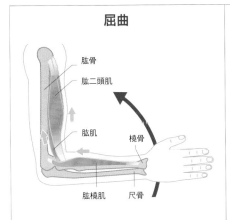	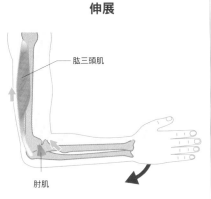
藉由位於前臂前側（表面）的肱二頭肌（長頭與短頭）、肱肌與肱橈肌的收縮來彎曲肘關節。	藉由前臂後側（裡面）的肱三頭肌（長頭、外側頭與內側頭）、肘肌的收縮來伸展肘關節。

屈曲肌	**肱二頭肌**		起自肩胛骨，止於橈骨近端，能夠讓前臂做出旋後的動作。
	肱肌		位於肱二頭肌深層的肌肉，是單純的肘關節屈曲肌。
	肱橈肌		起自肱骨外上髁，止於橈骨遠端外側，彎曲肘關節的同時，可使前臂維持在旋前旋後的中間位置。
伸展肌	**肱三頭肌**	**長頭**	起自肩胛骨的雙關節肌（橫跨兩個關節的肌肉），止於尺骨的鷹嘴。
		外側頭	
		內側頭	起自肱骨的單關節肌，止於尺骨的鷹嘴。
	肘肌		

作用於前臂的肌肉

▶ 前臂的運動主要仰賴肱二頭肌等旋後肌、旋前圓肌等旋前肌的作用

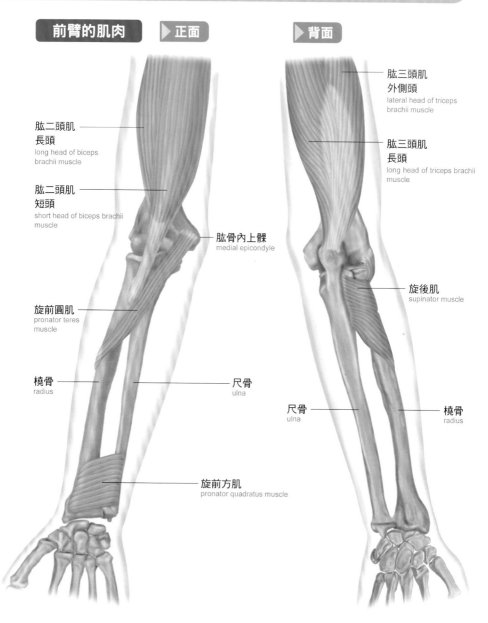

前臂的肌肉　▶ **正面**　▶ **背面**

肱二頭肌
長頭
long head of biceps
brachii muscle

肱二頭肌
短頭
short head of biceps brachii
muscle

旋前圓肌
pronator teres
muscle

橈骨
radius

尺骨
ulna

旋前方肌
pronator quadratus muscle

肱骨內上髁
medial epicondyle

肱三頭肌
外側頭
lateral head of triceps
brachii muscle

肱三頭肌
長頭
long head of triceps brachii
muscle

旋後肌
supinator muscle

尺骨
ulna

橈骨
radius

前臂的運動與作用的肌肉

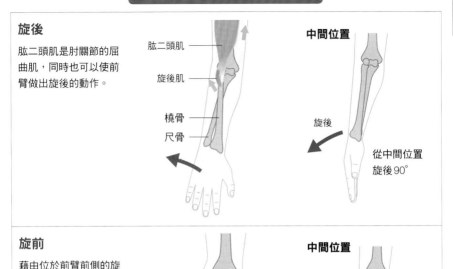

旋後

肱二頭肌是肘關節的屈曲肌，同時也可以使前臂做出旋後的動作。

肱二頭肌
旋後肌
橈骨
尺骨

中間位置

旋後

從中間位置旋後90°

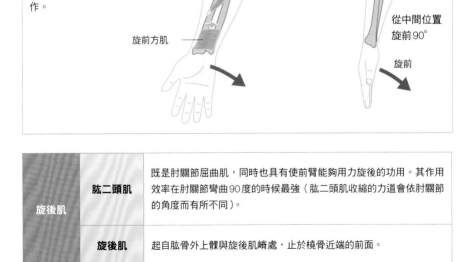

旋前

藉由位於前臂前側的旋前方肌和旋前圓肌的收縮，使前臂做出旋前動作。

旋前圓肌
旋前方肌

中間位置

從中間位置旋前90°

旋前

旋後肌	肱二頭肌	既是肘關節屈曲肌，同時也具有使前臂能夠用力旋後的功用。其作用效率在肘關節彎曲90度的時候最強（肱二頭肌收縮的力道會依肘關節的角度而有所不同）。
	旋後肌	起自肱骨外上髁與旋後肌嵴處，止於橈骨近端的前面。
旋前肌	旋前圓肌	起自肱骨內上髁與尺骨近端前面，止於橈骨外側。
	旋前方肌	起自尺骨遠端前面，止於橈骨遠端前面，屬於深層肌肉。

構成腕關節、手指的骨頭與構造

▶ 手部由腕骨、掌骨、指骨所構成，彼此形成許許多多的關節

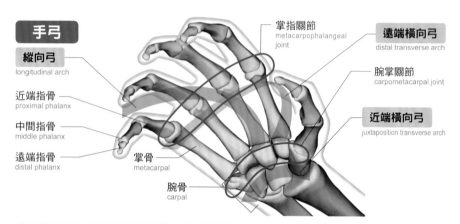

手弓

縱向弓
longitudinal arch

近端指骨
proximal phalanx

中間指骨
middle phalanx

遠端指骨
distal phalanx

掌指關節
metacarpophalangeal joint

掌骨
metacarpal

腕骨
carpal

遠端橫向弓
distal transverse arch

腕掌關節
carpometacarpal joint

近端橫向弓
juxtaposition transverse arch

在自然狀態下，手掌呈內凹的形狀，手指微微彎曲。而手掌之所以內凹，是因為由三個手弓所構成。

近端橫向弓	呈靜態且相當穩固，由遠端的腕骨所構成。
遠端橫向弓	由第一至第五掌指關節所構成，較近端橫向弓具有可動性。以固定不動的第二、三掌骨為中心，具有可動性的第一、四、五腕骨從兩側包覆。
縱向弓	縱向弓起自第二、三腕掌關節，穿過掌指關節，直到手指指尖。遠端手指的可動性比較高。

腕關節與手指的骨頭、關節構造

手部由八塊**腕骨**、五塊**掌骨**、十四塊**指骨**所構成。

而腕關節則由**橈腕關節**與**腕中關節**構成。腕骨的近端有舟狀骨、月狀骨、三角骨、豆狀骨橫向排列；遠端有大菱形骨、小菱形骨、頭狀骨和鉤狀骨橫向排列。

橈腕關節由橈骨與豆狀骨以外的近端腕骨所構成；**腕中關節**則由豆狀骨以外的近端腕骨與遠端腕骨所構成。大拇指至小指由連接著腕骨的五塊掌骨、五塊近端指骨、四塊中間指骨（大拇指除外），以及五塊遠端指骨構成，而這些骨頭又構成五個**腕掌關節**、五個**掌指關節**及九個**指間關節**。

腕關節至手指的構造

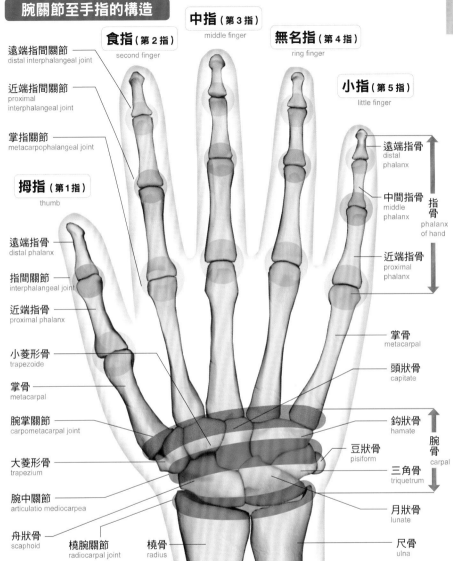

食指（第2指）
second finger

中指（第3指）
middle finger

無名指（第4指）
ring finger

小指（第5指）
little finger

拇指（第1指）
thumb

遠端指間關節
distal interphalangeal joint

近端指間關節
proximal interphalangeal joint

掌指關節
metacarpophalangeal joint

遠端指骨
distal phalanx

中間指骨
middle phalanx

近端指骨
proximal phalanx

指骨
phalanx of hand

遠端指骨
distal phalanx

指間關節
interphalangeal joint

近端指骨
proximal phalanx

小菱形骨
trapezoide

掌骨
metacarpal

腕掌關節
carpometacarpal joint

大菱形骨
trapezium

腕中關節
articulatio mediocarpea

舟狀骨
scaphoid

橈腕關節
radiocarpal joint

橈骨
radius

掌骨
metacarpal

頭狀骨
capitate

鉤狀骨
hamate

豆狀骨
pisiform

三角骨
triquetrum

月狀骨
lunate

尺骨
ulna

腕骨
carpal

相關知識　橈腕關節的運動

橈腕關節是雙軸的髁狀關節，能夠做出兩個方向的運動（掌屈／背屈、尺偏／橈偏）。

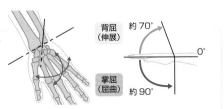

背屈
（伸展）
約70°

0°

掌屈
（屈曲）
約90°

29

作用於腕關節的肌肉

▶ 作用於橈腕關節的肌肉主要起自於肱骨，停止於指骨

手關節的肌肉

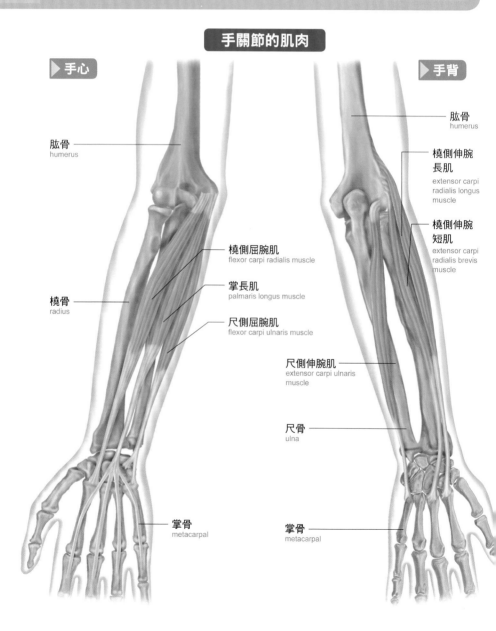

▶ 手心

▶ 手背

肱骨
humerus

橈骨
radius

橈側屈腕肌
flexor carpi radialis muscle

掌長肌
palmaris longus muscle

尺側屈腕肌
flexor carpi ulnaris muscle

掌骨
metacarpal

肱骨
humerus

橈側伸腕長肌
extensor carpi radialis longus muscle

橈側伸腕短肌
extensor carpi radialis brevis muscle

尺側伸腕肌
extensor carpi ulnaris muscle

尺骨
ulna

掌骨
metacarpal

腕關節的運動與作用的肌肉

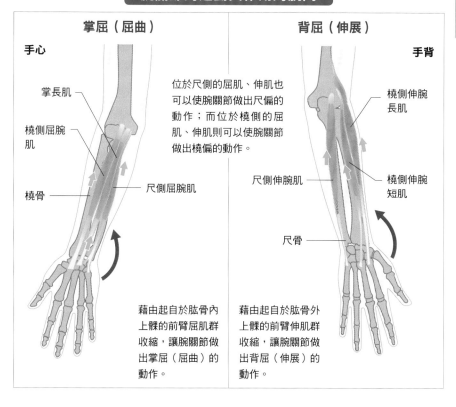

掌屈（屈曲）	背屈（伸展）

掌屈（屈曲）

手心

掌長肌
橈側屈腕肌
橈骨
尺側屈腕肌

位於尺側的屈肌、伸肌也可以使腕關節做出尺偏的動作；而位於橈側的屈肌、伸肌則可以使腕關節做出橈偏的動作。

藉由起自於肱骨內上髁的前臂屈肌群收縮，讓腕關節做出掌屈（屈曲）的動作。

背屈（伸展）

手背

橈側伸腕長肌
橈側伸腕短肌
尺側伸腕肌
尺骨

藉由起自於肱骨外上髁的前臂伸肌群收縮，讓腕關節做出背屈（伸展）的動作。

掌屈（屈曲）肌	橈側屈腕肌、尺側屈腕肌、掌長肌。主要起自於肱骨內上髁。
背屈（伸展）肌	橈側伸腕長肌、橈側伸腕短肌、尺側伸腕肌。主要起自於肱骨外上髁。

相關知識　使腕關節做出尺偏／橈偏動作的肌肉

尺偏
- 尺側屈腕肌
- 尺側伸腕肌

橈腕關節

橈偏
- 橈側伸腕長肌
- 橈側伸腕短肌
- 橈側屈腕

橈腕關節

作用於手指的肌肉

▶ 作用於手指的肌肉非常多，可分為外在肌與內在肌兩大類

大拇指的運動與作用的肌肉

運動方向	基本軸與角度	作用的肌肉
橈側外展	外展 約60° 軸 內收 0°	伸拇長肌（外在肌） 伸拇短肌（外在肌） 外展拇長肌（外在肌）
尺側內收		屈拇短肌（內在肌） 內收拇肌（內在肌）
掌側外展	外展 90° 軸 內收 0°	外展拇長肌（外在肌） 外展拇短肌（內在肌）
掌側內收		內收拇肌（內在肌） 屈拇短肌（內在肌）
掌指（MP）關節的屈曲	伸展 約10° 軸 MP 關節 屈曲 約60°	屈拇長肌（外在肌） 屈拇短肌（內在肌）
掌指（MP）關節的伸展		伸拇長肌（外在肌） 伸拇短肌（外在肌）
指間（IP）關節的屈曲	伸展 約10° IP 關節 軸 屈曲 約80°	屈拇長肌（外在肌）
指間（IP）關節的伸展		伸拇長肌（外在肌） 外展拇短肌（內在肌）

作用於手指的肌肉

手指之所以能夠作出極為精緻細膩的動作，全仰賴起自於肱骨、尺骨、橈骨的**外在肌**，以及起點、終點都位於指骨的**內在肌**。

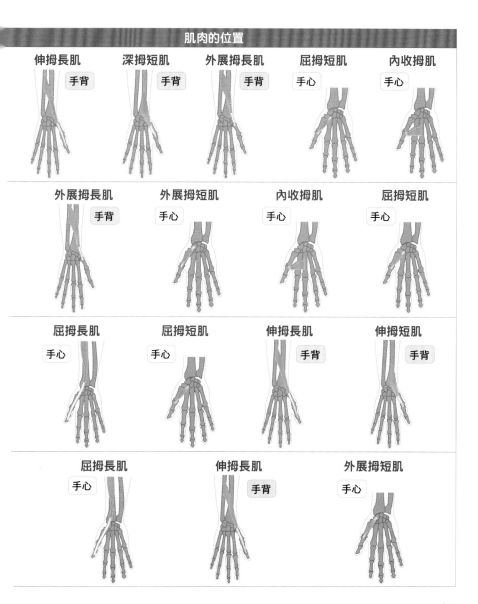

肌肉的位置

伸拇長肌　手背
深拇短肌　手背
外展拇長肌　手背
屈拇短肌　手心
內收拇肌　手心

外展拇長肌　手背
外展拇短肌　手心
內收拇肌　手心
屈拇短肌　手心

屈拇長肌　手心
屈拇短肌　手心
伸拇長肌　手背
伸拇短肌　手背

屈拇長肌　手心
伸拇長肌　手背
外展拇短肌　手心

33

手指的運動與作用的肌肉

運動方向	基本軸與角度	作用的肌肉
外展	外展 軸	手骨間背側肌（內在肌）
內收	內收	掌側骨間肌（內在肌）
掌指（MP）關節的屈曲	伸展 約45° 軸 MP 關節 屈曲 約90°	屈指淺肌（外在肌） 屈指深肌（外在肌） 手骨間背側肌（內在肌） 掌側骨間肌（內在肌） 蚓狀肌（內在肌）
掌指（MP）關節的伸展		伸指肌（外在肌） 伸食指肌（外在肌） 伸小指肌（外在肌）
近端指間（PIP）關節的屈曲	PIP 關節 軸 伸展 0° 屈曲 約100°	屈指淺肌（外在肌） 屈指深肌（外在肌）
近端指間（PIP）關節的的伸展		伸指肌（外在肌） 手骨間背側肌（內在肌） 掌側骨間肌（內在肌） 蚓狀肌（外在肌） 伸食指肌（外在肌） 伸小指肌（外在肌）
遠端指間（DIP）關節的的屈曲	軸 DIP 關節 伸展 0° 屈曲 約80°	屈指深肌（外在肌）
遠端指間（DIP）關節的伸展		伸指肌（外在肌） 手骨間背側肌（內在肌） 掌側骨間肌（內在肌） 蚓狀肌（內在肌） 伸食指肌（外在肌）

肌肉的位置

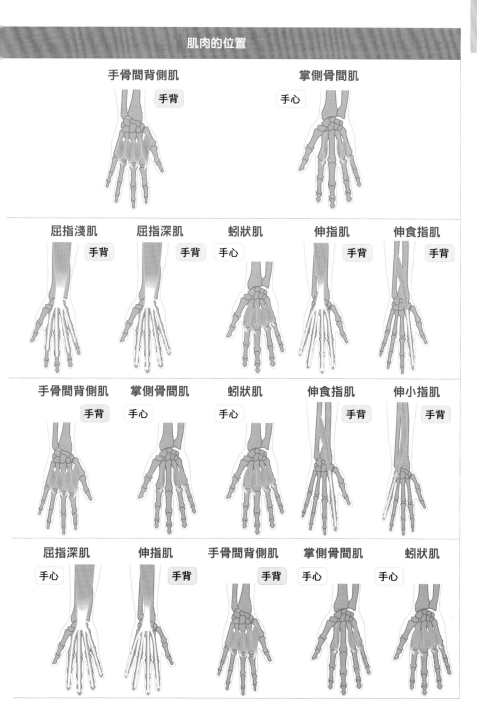

手骨間背側肌 手背

掌側骨間肌 手心

屈指淺肌 手背

屈指深肌 手背

蚓狀肌 手心

伸指肌 手背

伸食指肌 手背

手骨間背側肌 手背

掌側骨間肌 手心

蚓狀肌 手心

伸食指肌 手背

伸小指肌 手背

屈指深肌 手心

伸指肌 手背

手骨間背側肌 手背

掌側骨間肌 手心

蚓狀肌 手心

構成骨盆、髖關節的骨頭與構造

▶ 骨盆由髖骨、薦骨、尾骨構成；髖關節則由髖臼與股骨頭構成

骨盆 · 髖關節的構造　　　▶ 正面

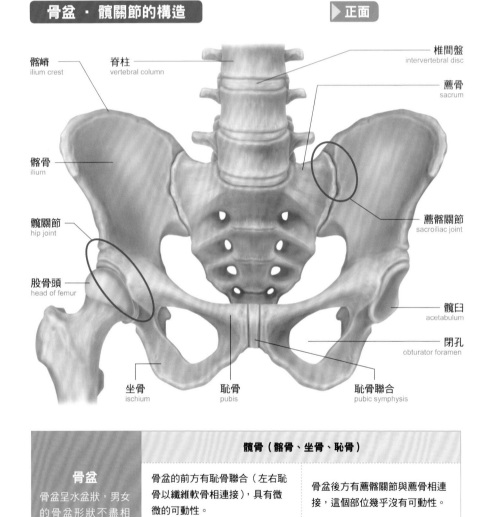

髂嵴
ilium crest

脊柱
vertebral column

椎間盤
intervertebral disc

薦骨
sacrum

髂骨
ilium

薦髂關節
sacroiliac joint

髖關節
hip joint

股骨頭
head of femur

髖臼
acetabulum

閉孔
obturator foramen

坐骨
ischium

恥骨
pubis

恥骨聯合
pubic symphysis

	髖骨（髂骨、坐骨、恥骨）	
骨盆 骨盆呈水盆狀，男女的骨盆形狀不盡相同。男性骨盆為狹長型，而女性骨盆比較寬。	骨盆的前方有恥骨聯合（左右恥骨以纖維軟骨相連接），具有微微的可動性。	骨盆後方有薦髂關節與薦骨相連接，這個部位幾乎沒有可動性。
	薦骨	
	尾骨	

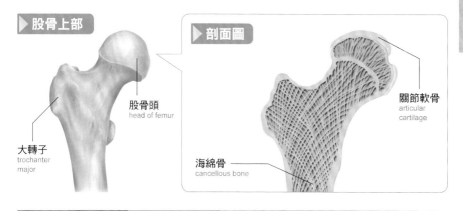

▶ 股骨上部

股骨頭
head of femur

大轉子
trochanter
major

▶ 剖面圖

關節軟骨
articular
cartilage

海綿骨
cancellous bone

髖關節 髖關節屬於杵臼關節（球窩關節的一種）。	髖臼	髖臼呈杯狀，在髖關節的杵臼關係中負責臼的部分，由髂骨、坐骨、恥骨所構成。
	股骨頭	股骨是人體最強壯、最長的骨頭，而股骨頭就位於股骨近端部位，以股骨頸與股骨幹相連接。

頸幹角與前傾角

　　在額切面上，股骨頸與股骨幹的夾角稱為「**頸幹角**」，大約120～130度。頸幹角的大小若出現異常，會對髖關節的骨列造成不良影響，進而導致髖關節的磨損或脫臼（頸幹角過小的情況稱為**髖內翻**；過大的情況稱為**髖外翻**）。

　　另外，從橫切面來看的話，股骨頭稍微向前扭，這個角度稱為「**前傾角**」，正常狀態下這個角度大約是10～30度，但在幼兒時期的話，前傾角通常會大於10～30度。

相關知識　　**髖關節的形狀**

髖關節是多軸的球窩關節（杵臼關節）。由半球狀的關節頭與內凹狀的關節窩所構成，可以多方面自由運動。

可以多方面
自由運動。

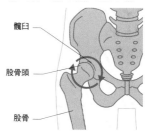

髖臼

股骨頭

股骨

作用於髖關節的肌肉

▶ 髖關節的屈曲主要仰賴大腿前側的肌肉運作；伸展則仰賴大腿後側的肌肉運作

髖關節的運動與作用的肌肉

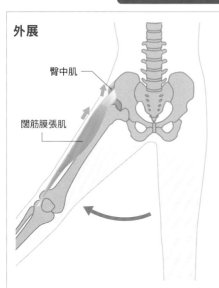

外展

臀中肌

闊筋膜張肌

外展肌肉
臀中肌、闊筋膜張肌
在步態週期的踏步期（→P94）中，外展肌群負起穩定骨盆的重責大任。

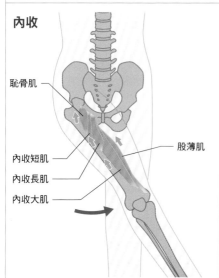

內收

恥骨肌

內收短肌

內收長肌

內收大肌

股薄肌

內收肌肉
內收短肌、內收長肌、內收大肌、股薄肌、恥骨肌
內收肌群在髖關節屈曲時，具有伸肌的功能；在髖關節伸展時，則具有屈肌的功能。

屈曲

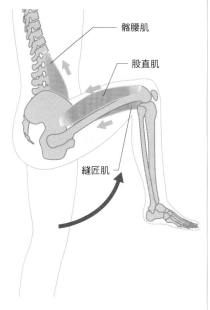

髂腰肌

股直肌

縫匠肌

伸展

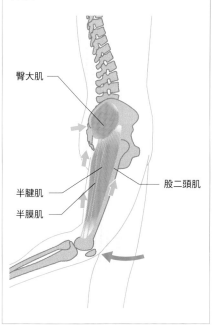

臀大肌

半腱肌

半膜肌

股二頭肌

屈肌

髂腰肌（腰大肌、髂肌）、縫匠肌、股直肌

股直肌是雙關節肌，是髖關節的屈肌，同時也是膝關節的伸肌，所以在膝關節屈曲時，作為髖關節的屈肌會比較有效率。

伸肌

臀大肌、大腿後肌（股二頭肌、半腱肌、半膜肌）

大腿後肌是雙關節肌，是髖關節的伸肌，同時也是膝關節的屈肌，所以在膝關節伸展時，作為髖關節的伸肌會比較有效率。

相關知識　雙關節肌的作用

雙關節肌指的是一條肌肉通過兩個關節，若一條肌肉只通過一個關節的話，則稱為單關節肌。

雙關節肌收縮時會同時影響兩個關節的運作，所以依關節的角度與運動模式的不同，效率也會有所不同。

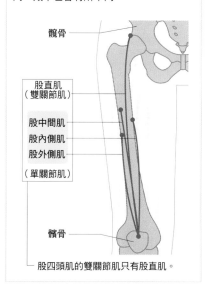

髖骨

股直肌
（雙關節肌）

股中間肌

股內側肌

股外側肌

（單關節肌）

髕骨

股四頭肌的雙關節肌只有股直肌。

位於大腿前側的股四頭肌是股直肌、股內側肌、股外側肌、股中間肌的統稱。

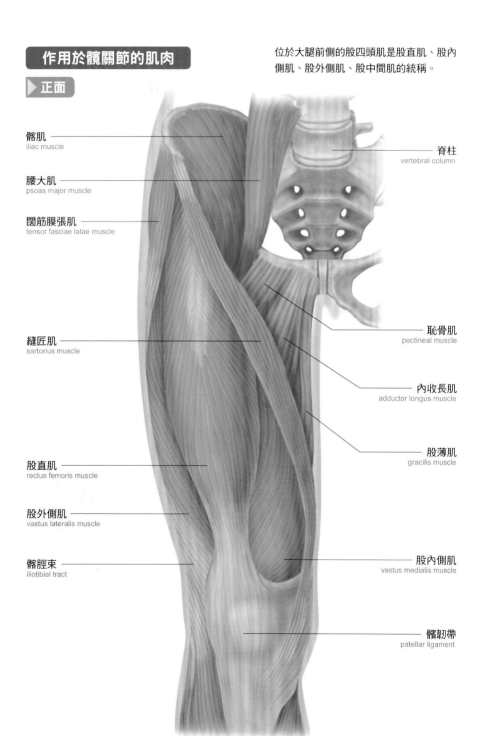

髂肌
iliac muscle

腰大肌
psoas major muscle

闊筋膜張肌
tensor fasciae latae muscle

縫匠肌
sartorius muscle

股直肌
rectus femoris muscle

股外側肌
vastus lateralis muscle

髂脛束
iliotibial tract

脊柱
vertebral column

恥骨肌
pectineal muscle

內收長肌
adductor longus muscle

股薄肌
gracilis muscle

股內側肌
vastus medialis muscle

髕韌帶
patellar ligament

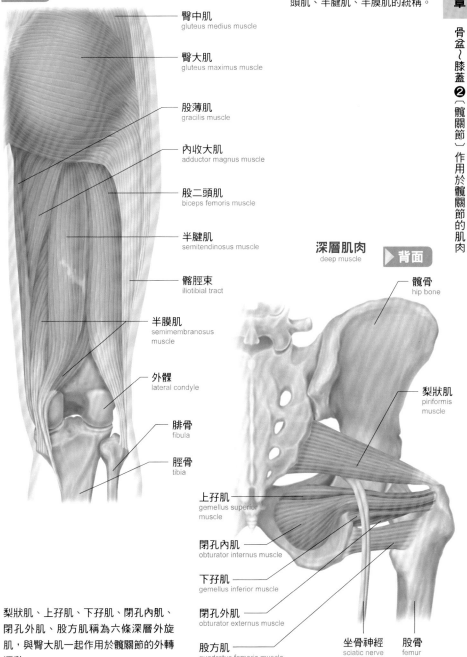

▶背面

位於大腿後側的大腿後肌是股二頭肌、半腱肌、半膜肌的統稱。

臀中肌
gluteus medius muscle

臀大肌
gluteus maximus muscle

股薄肌
gracilis muscle

內收大肌
adductor magnus muscle

股二頭肌
biceps femoris muscle

半腱肌
semitendinosus muscle

髂脛束
iliotibial tract

半膜肌
semimembranosus muscle

外髁
lateral condyle

腓骨
fibula

脛骨
tibia

深層肌肉
deep muscle ▶背面

髖骨
hip bone

梨狀肌
piriformis muscle

上孖肌
gemellus superior muscle

閉孔內肌
obturator internus muscle

下孖肌
gemellus inferior muscle

閉孔外肌
obturator externus muscle

股方肌
quadratus femoris muscle

坐骨神經
sciatic nerve

股骨
femur

梨狀肌、上孖肌、下孖肌、閉孔內肌、閉孔外肌、股方肌稱為六條深層外旋肌，與臀大肌一起作用於髖關節的外轉運動。

41

構成膝關節的骨頭與構造

▶ 膝關節主要仰賴半月板與韌帶組織來維持穩定性

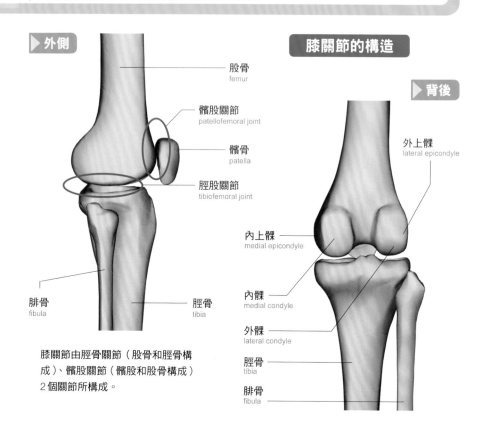

▶ 外側

- 股骨 femur
- 髕股關節 patellofemoral joint
- 髕骨 patella
- 脛股關節 tibiofemoral joint
- 腓骨 fibula
- 脛骨 tibia

膝關節由脛骨關節（股骨和脛骨構成）、髕股關節（髕股和股骨構成）2個關節所構成。

膝關節的構造

▶ 背後

- 外上髁 lateral epicondyle
- 內上髁 medial epicondyle
- 內髁 medial condyle
- 外髁 lateral condyle
- 脛骨 tibia
- 腓骨 fibula

膝關節的特徵

脛股關節由突起的大股骨髁與平坦的小脛骨顆所構成。股骨髁的關節面大，所以膝關節能夠做出較大的屈曲與伸展動作。

膝關節可以在矢狀切面上做屈曲、伸展運動，也可以在橫切面上做內轉、外轉運動，但膝關節處於伸展姿勢下無法做出旋轉的動作。

另外，膝關節通常不會單獨動作，多半會與髖關節、踝關節互相連動。因為這個緣故，作用於膝關節的肌肉多為與髖關節及踝關節有連動關係的**雙關節肌**。

膝關節的韌帶、半月板

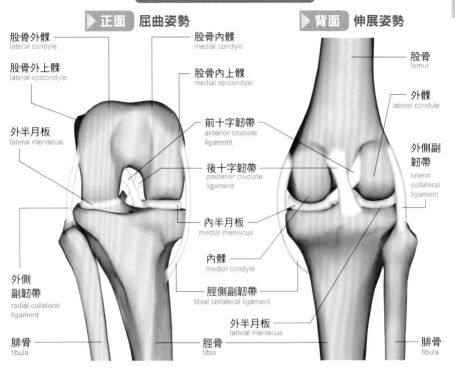

▶正面 屈曲姿勢　　　　　　▶背面 伸展姿勢

股骨外髁 lateral condyle

股骨外上髁 lateral epicondyle

外半月板 lateral meniscus

外側 副韌帶 radial collateral ligament

腓骨 fibula

股骨內髁 medial condyle

股骨內上髁 medial epicondyle

前十字韌帶 anterior cruciate ligament

後十字韌帶 posterior cruciate ligament

內半月板 medial meniscus

內髁 medial condyle

脛側副韌帶 tibial collateral ligament

外半月板 lateral meniscus

脛骨 tibia

股骨 femur

外髁 lateral condyle

外側副韌帶 lateral collateral ligament

腓骨 fibula

維持膝關節穩定的機制 膝關節的支撐力差，需要半月板、韌帶及肌肉等組織來加以輔助，維持穩定性。	**半月板**	在脛股關節面上，內側與外側皆有的纖維軟骨組織圓盤，稱為半月板。最重要的功用是讓平坦的脛骨的關節面與突狀的股骨的關節面可以穩定的接合在一起。
	脛側副韌帶	脛側副韌帶主在防止小腿過度外翻（在額切面上，小腿向外移動）。
	外側副韌帶	外側副韌帶主在防止小腿過度內翻（往外翻的相反方向移動）。
	十字韌帶	十字韌帶在關節囊中呈交叉狀態，前十字韌帶主要防止脛骨向前移動；後十字韌帶主要防止脛骨向後移動。

（支撐脛股關節的韌帶）

構造與功能

▶ 與股骨一起組成髕股關節的髕骨也是膝關節伸展、屈曲時的重要功臣

髕骨的構造

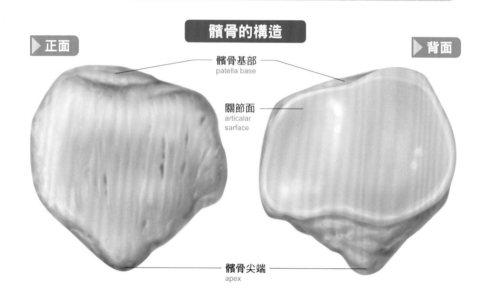

▶ 正面　　　　　　　　　　　　　　　　　　　　　　　　　▶ 背面

髕骨基部
patella base

關節面
articalar
sarface

髕骨尖端
apex

髕骨	髕骨基部	髕骨的上方部位。股四頭肌肌腱附著於上。髕韌帶連接髕骨尖端和脛骨結粗隆。
髕骨是人體最大的種子骨（球狀的小骨頭），呈扁平的倒三角形。前面為凸面，後方的關節面則有關節軟骨包覆，與股骨構成髕骨關節。	髕骨尖端	髕骨的下方部位。

相關知識　　膝關節的伸展機制

膝關節的伸展運動屬於施力點位於支點與抗力點（力量產生點）中間的第三類槓桿原理，能夠迅速且大幅度動作。這是人體常使用的槓桿原理之一。以膝關節為支點，股四頭肌附著點的脛骨粗隆為施力點，如此一來，成為抗力點的足部就能作出迅速又大幅度的動作。

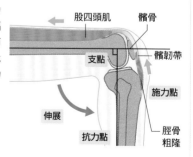

股四頭肌

髕骨

支點

髕韌帶

施力點

伸展

脛骨粗隆

抗力點

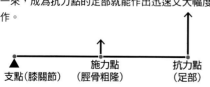

支點(膝關節)　　施力點　　抗力點
▲　　　　　　（脛骨粗隆）　（足部）

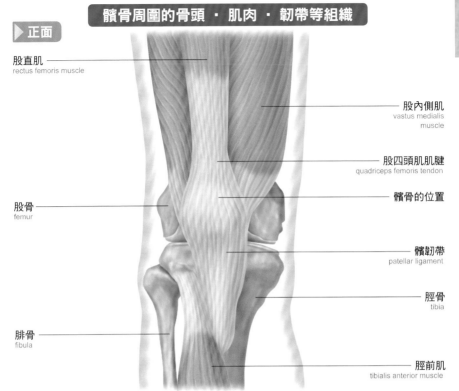

髕骨周圍的骨頭 · 肌肉 · 韌帶等組織

正面

股直肌
rectus femoris muscle

股內側肌
vastus medialis muscle

股四頭肌肌腱
quadriceps femoris tendon

髕骨的位置

股骨
femur

髕韌帶
patellar ligament

脛骨
tibia

腓骨
fibula

脛前肌
tibialis anterior muscle

膝關節的伸展與髕骨

　　膝關節伸展時，以膝關節為支點、以股四頭肌的附著點脛骨粗隆為施力點，如此一來，作為抗力點的足部不但可以高速運動，可動範圍也會比較大（槓桿原理），而髕骨的任務就是**將股四頭肌的收縮有效轉換成膝關節的伸展力矩**。

　　正因為髕骨能夠使股四頭肌肌腱往前方移動，**髕韌帶才得以將脛骨往伸展方向牽引**。

　　假設沒有髕骨的話，要達到同樣的伸展力矩，就需要增加20％以上的收縮力道，而這也就表示肌力會下降20％以上。

　　如果沒有髕骨的話，髕韌帶牽引脛骨的施力方向勢必得轉向，轉向會因此提高脛股關節壓力的方向，如此一來，脛股關節受損的風險會跟著大大提升。

結構與功用

構成股四頭肌的四條肌肉皆與膝關節的伸展有密不可分的關係

股四頭肌的構造

▶ 正面

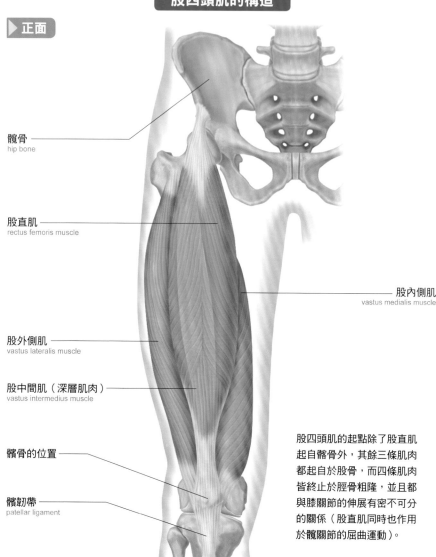

髖骨
hip bone

股直肌
rectus femoris muscle

股內側肌
vastus medialis muscle

股外側肌
vastus lateralis muscle

股中間肌（深層肌肉）
vastus intermedius muscle

髕骨的位置

髕韌帶
patellar ligament

股四頭肌的起點除了股直肌起自髂骨外，其餘三條肌肉都起自於股骨，而四條肌肉皆終止於脛骨粗隆，並且都與膝關節的伸展有密不可分的關係（股直肌同時也作用於髖關節的屈曲運動）。

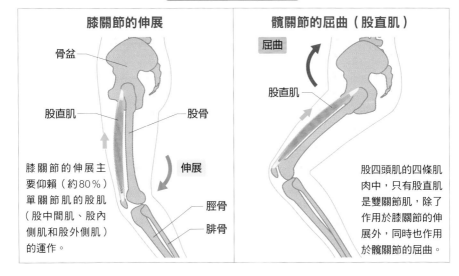

與膝關節伸展有密切關係的股四頭肌

在日常生活中，最能感受到股四頭肌功用的就是在支撐體重，同時穩定膝關節的時候。舉例來說，坐在椅子上、蹲下的時候，股四頭肌都會進行**離心收縮**（→P90），讓膝關節能夠以適當的速度彎曲。

膝關節屈曲50度左右的時候，股四頭肌最能發揮伸展肌力，在屈曲範圍內較能保持伸展肌力；在伸展範圍內則不然。蹲踞動作中，蹲得愈深，就愈需要股四頭肌的肌力，除此之外，股四頭肌愈有力，蹲踞動作愈能持久。在深蹲動作中，髕股關節的壓力（髕骨關節面與股骨髁間窩的接觸壓）最大，但只要髕股關節的接觸面積變大，就可以能夠有效分散壓力，防止單位面積的壓力過大。

相關知識 **股直肌（雙關節肌）的收縮作用**

雙關節肌的股直肌同時也是髖關節的屈肌。在踢球這種髖關節屈曲、膝關節伸展的動作中，股直肌會強烈收縮；另一方面，在站起身等髖關節伸展、膝關節伸展的動作中，股直肌的收縮就會受到限制。

股直肌收縮

結構與功用

▶ 大腿後肌由三條肌肉組成，具有協助膝關節屈曲的功用

大腿後肌的構造

▶ 背面

股二頭肌長頭起自坐骨
結節後方；股二頭肌短
頭起自股骨粗隆外側，
兩者皆止於腓骨頭附
近，有助於膝關節的屈
曲運動。

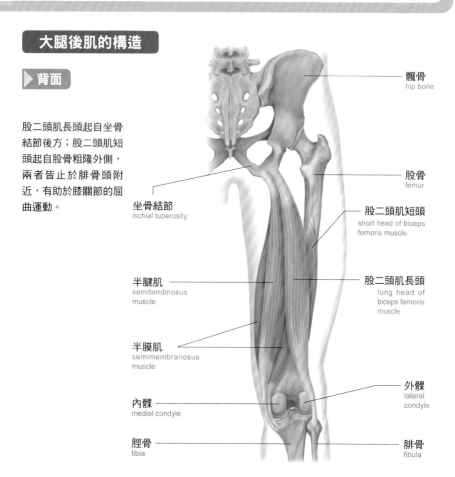

髖骨
hip bone

坐骨結節
ischial tuberosity

股骨
femur

股二頭肌短頭
short head of biceps
femoris muscle

半腱肌
semitendinosus
muscle

股二頭肌長頭
long head of
biceps femoris
muscle

半膜肌
semimembranosus
muscle

外髁
lateral
condyle

內髁
medial condyle

腓骨
fibula

脛骨
tibia

大腿後肌 （hamstring） ham（腿肉、膕窩） ＋ string（弦、腱） 兩字組合而成	半腱肌	位於大腿後方內側的內側大腿後肌。有助於膝關節的屈曲、內轉動作，以及髖關節的伸展動作。
	半膜肌	
	股二頭肌 （長頭、短頭）	位於大腿後方外側的外側大腿後肌。有助於膝關節的屈曲與外轉動作；股二頭肌長頭另外還會輔助髖關節的伸展動作。

膝關節的旋轉運動

當膝關節呈70～90度屈曲狀態時，膝關節最容易做出旋轉運動，一旦膝關節伸直，旋轉運動的中心將會自膝關節移動至髖關節。當膝關節完全伸直時，膝關節就會完全被鎖死，幾乎無法有主動的旋轉運動。

大腿後肌的作用

膝關節的屈曲

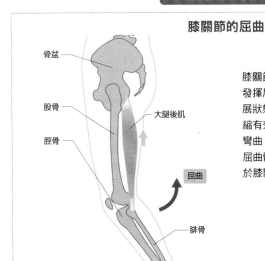

骨盆

股骨

脛骨

大腿後肌

屈曲

腓骨

膝關節在完全伸展的姿勢下，大腿後肌最能發揮屈曲肌力的效能。這是因為膝關節在伸展狀態下，大腿後肌會拉長，藉由肌肉的收縮有效提升肌力的效能。然而隨著膝關節的彎曲，大腿後肌的屈曲肌力就會隨之降低。屈曲髖關節可以使大腿後肌拉得更長，作用於膝關節屈曲的力道就會更大。

髖關節的伸展

藉由股骨和骨盆的運動，髖關節能夠得到伸展，可以從中間位置伸展大約20度左右。另外，若是在90度的坐姿狀態下，骨盆可以後傾伸展10～20度左右。

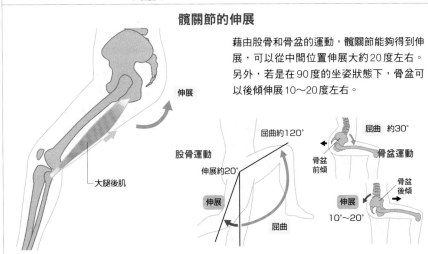

伸展

大腿後肌

股骨運動

屈曲約120°

伸展約20°

伸展

屈曲

屈曲 約30°

骨盆運動

骨盆前傾

骨盆後傾

伸展

10°～20°

構成踝關節、足部的骨頭與構造

▶ 從踝關節至足部，無數的骨頭形成為數眾多的關節

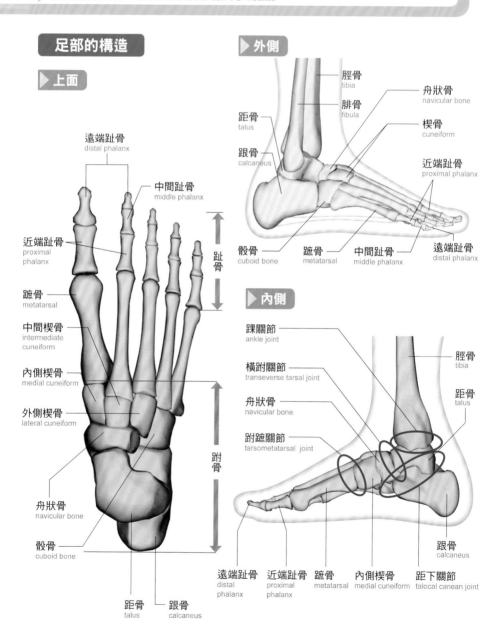

足部的構造

▶ 上面

遠端趾骨
distal phalanx

中間趾骨
middle phalanx

近端趾骨
proximal
phalanx

蹠骨
metatarsal

中間楔骨
intermediate
cuneiform

內側楔骨
medial cuneiform

外側楔骨
lateral cuneiform

舟狀骨
navicular bone

骰骨
cuboid bone

趾骨

跗骨

距骨
talus

跟骨
calcaneus

▶ 外側

脛骨
tibia

腓骨
fibula

距骨
talus

跟骨
calcaneus

舟狀骨
navicular bone

楔骨
cuneiform

近端趾骨
proximal phalanx

遠端趾骨
distal phalanx

骰骨
cuboid bone

蹠骨
metatarsal

中間趾骨
middle phalanx

▶ 內側

踝關節
ankle joint

橫跗關節
transeverse tarsal joint

舟狀骨
navicular bone

跗蹠關節
tarsometatarsal joint

遠端趾骨
distal
phalanx

近端趾骨
proximal
phalanx

蹠骨
metatarsal

內側楔骨
medial cuneiform

距下關節
talocal canean joint

脛骨
tibia

距骨
talus

跟骨
calcaneus

足部的骨頭 踝關節遠端的骨頭 七塊跗骨、 五塊蹠骨、 十四塊趾骨	後足部	距骨、跟骨（二塊跗骨）
	中足部	舟狀骨、骰骨、內側・中間・外側楔骨（二塊跗骨）
	前足部	蹠骨（五塊）、近端趾骨（五塊趾骨）、中間趾骨（五塊趾骨）、遠端趾骨（五塊趾骨）
足部關節	踝關節 （距腿關節）	由脛骨下端的關節面與距骨上端的滑車構成。脛骨下端關節面與內、外踝共同形成關節窩（踝樁頭），而關節頭就是距骨滑車。這兩者的結合就猶如組合木材時「樁頭與樁眼」的構造。距骨滑車關節面前寬後窄，當踝關節背屈時，較寬的前半部進入關節窩中，關節會更加穩定。反之，當踝關節蹠屈時，較窄的後半部進入關節窩中，踝關節就會鬆動。所以踝關節主要是進行背屈、蹠屈運動。
	距下關節	由跟骨上部的前、中、後三個關節面與距骨下部組成。主要與足部的旋前、旋後運動有關。
	橫跗關節	由外側的跟骰關節（跟骨與骰骨組成的關節）與內側的距舟關節（距骨與舟狀骨組成的關節）所組成。
	跗蹠關節	位於橫跗關節遠端的內側楔骨與第一蹠骨、中間楔骨與第二蹠骨、外側楔骨與第三蹠骨、骰骨與第四蹠骨及第五蹠骨所組成的關節。
	蹠骨間關節 蹠趾關節 趾間關節	位於跗蹠關節遠端的關節。

＊踝關節內側有一條名為三角韌帶的強力韌帶，外側則有外側副韌帶（足部扭傷時，絕大多數都是傷及外側副韌帶）。

相關知識　「內翻」與「外翻」

踝關節至足部的運動並非沿著一般三維空間的運動軸，而是相對於斜軸來進行，所以另外有「內翻」、「外翻」的特殊用語。內翻是指蹠屈、旋後、內收運動；外翻則是指背屈、旋前、外展運動。

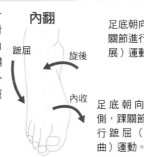

足底朝向外側，踝關節進行背屈（伸展）運動。

足底朝向內側，踝關節進行蹠屈（屈曲）運動。

51

足弓的結構與特徵

▶ 足部有三個足弓，經由足底腱膜吸收重量與衝擊

足弓的構造

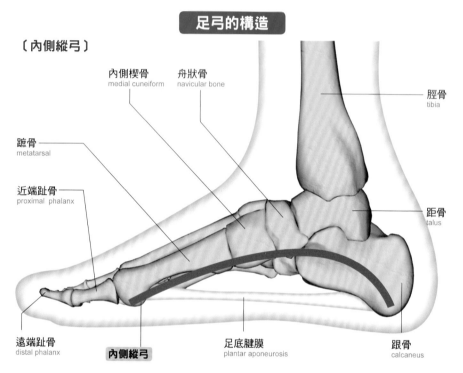

〔內側縱弓〕

內側楔骨
medial cuneiform

舟狀骨
navicular bone

脛骨
tibia

蹠骨
metatarsal

近端趾骨
proximal phalanx

距骨
talus

遠端趾骨
distal phalanx

內側縱弓

足底腱膜
plantar aponeurosis

跟骨
calcaneus

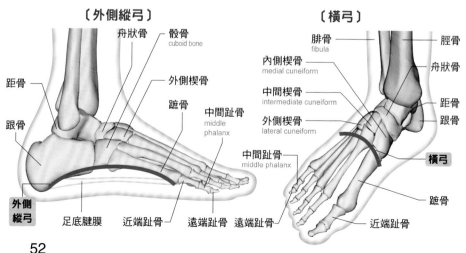

〔外側縱弓〕

舟狀骨

骰骨
cuboid bone

距骨

外側楔骨

跟骨

蹠骨

中間趾骨
middle phalanx

外側縱弓

足底腱膜

近端趾骨

遠端趾骨

〔橫弓〕

腓骨
fibula

脛骨

內側楔骨
medial cuneiform

舟狀骨

中間楔骨
intermediate cuneiform

距骨

外側楔骨
lateral cuneiform

跟骨

中間趾骨
middle phalanx

橫弓

遠端趾骨

蹠骨

近端趾骨

足弓 整個足部向上隆起，呈現微彎的弧狀外型，包含了三個足弓。	內側縱弓	由跟骨、距骨、舟狀骨、三個楔骨、第一～第三蹠骨構成。這些骨頭組成「弓背」的部分，再加上前後拉起的足底腱膜的「弦」，形成了一把上弦的弓。
	外側縱弓	由跟骨、骰骨、第四第五蹠骨所構成。這些骨頭的組成本身就已經呈楔狀。
	橫弓	位於前足部蹠骨的正後方，由遠端跗骨與蹠骨基部構成。

內側縱弓的功能

位於足底的**足底腱膜**由多層纖維結締組織組成，起自跟骨，經蹠骨附著於第一至第五近端趾骨上。也就是負責連結後足部跟骨與前足部蹠骨的橋樑。

內側縱弓形成我們平時俗稱的**腳窩**，在功能上是較為受注目的足弓，主要功能有二。第一個功能是「**衍架構造**」，就是當足底載重時，足弓會下降使足底接觸地面的面積變大，緩和衝擊力的構造。第二個功能是「**絞盤效應**」，當蹠趾關節背屈時，足底腱膜附著於趾骨部分會像捲線般被捲起，足弓一上升就可以提高足部的強度，提供前足部推進（→P106）的力量。

相關知識　　**足底腱膜的功用**

站立姿勢下，足部承受的力量分別是腳跟約60％、前足部約28％、中足部約8％，雖然經由內側縱弓將加諸於足部的力量向前後分散，但吸收衝擊力的工作主要還是得仰賴足底腱膜的彈簧作用。

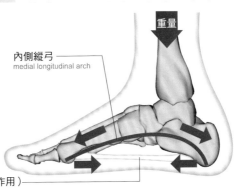

重量

內側縱弓
medial longitudinal arch

足底腱膜（具有吸收衝擊力的作用）

作用於足部的肌肉

▶ 外在肌是起自踝關節近端的肌肉；內在肌指的是起自足部的肌肉

足部的外在肌

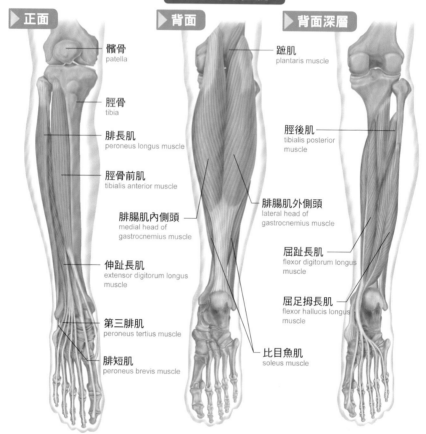

▶ 正面

- 髕骨 patella
- 脛骨 tibia
- 腓長肌 peroneus longus muscle
- 脛骨前肌 tibialis anterior muscle
- 腓腸肌內側頭 medial head of gastrocnemius muscle
- 伸趾長肌 extensor digitorum longus muscle
- 第三腓肌 peroneus tertius muscle
- 腓短肌 peroneus brevis muscle

▶ 背面

- 蹠肌 plantaris muscle
- 腓腸肌外側頭 lateral head of gastrocnemius muscle
- 比目魚肌 soleus muscle

▶ 背面深層

- 脛後肌 tibialis posterior muscle
- 屈趾長肌 flexor digitorum longus muscle
- 屈足拇長肌 flexor hallucis longus muscle

相關知識 　距下關節的運動

距下關節由距骨和跟骨構成。主要運動有內收、外展、旋前、旋後。一般來說，旋後的可動範圍較旋前大；外展的可動範圍較內收大。

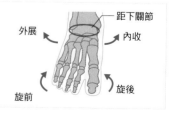

距下關節
外展
內收
旋前
旋後

足部的外在肌 外在肌的起點較踝關節更接近身體。	踝關節的背屈肌群	脛骨前肌、伸趾長肌、第三腓肌
		脛骨前肌單獨作用時，距下關節可以作出旋後、內收的動作。伸趾長肌則是作用於第二～第五趾的背屈。
	踝關節的蹠屈肌群	腓腸肌、比目魚肌、蹠肌
		腓腸肌由腓腸肌內側頭與腓腸肌外側頭組成，再加上比目魚肌合稱小腿三頭肌。三條肌肉在遠端會合，共同接於跟腱（阿基里斯腱）上，最後止於跟骨後方。
	作用於足內翻的肌肉	脛骨後肌、屈趾長肌、屈足拇長肌
	作用於足外翻的肌肉	腓骨長肌、腓骨短肌、伸趾長肌

足部的運動與作用的外在肌

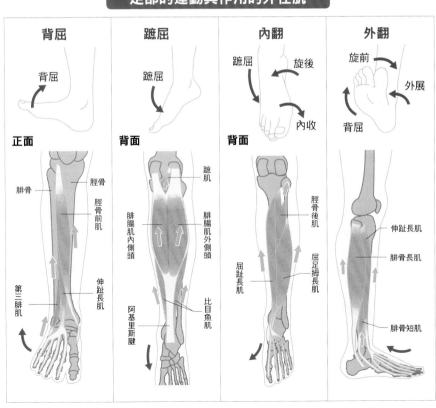

腳趾的運動與作用的肌肉

部位	關節的運動方向	基本軸與角度	作用的肌肉
拇趾	蹠趾（MP）關節的屈曲	伸展 約60° 遠端趾骨 約35° 軸 屈曲 MP關節 近端趾骨 蹠骨	外展拇趾肌 屈足拇短肌
	蹠趾（MP）關節的伸展		伸足拇長肌
	趾間（IP）關節的屈曲	伸展 0° 軸 IP關節	屈足拇長肌
	趾間（IP）關節的伸展	約60° 屈曲	伸足拇長肌
其他腳趾	蹠趾（MP）關節的屈曲	中間趾骨 MP關節 伸展 約40° 遠端趾骨 軸 約35° 屈曲 蹠骨 近端趾骨	足蚓狀肌 骨間蹠側肌 骨間背側肌
	蹠趾（MP）關節的伸展		伸趾長肌 伸趾短肌
	近端趾間（PIP）關節的屈曲	伸展 0° 軸 PIP關節 約35° 屈曲	屈趾短肌 屈趾長肌
	近端趾間（PIP）關節的伸展		伸趾長肌 伸趾短肌
	遠端趾間（DIP）關節的屈曲	伸展 0° 軸 DIP關節 約50° 屈曲	蹠方肌 屈趾長肌
	遠端趾間（DIP）關節的伸展		伸趾長肌 伸趾短肌

內在肌		
起點與終點都在足部，幾乎全位於足底部位。足底有不少與手部內在肌相同名稱和作用的肌肉，但精巧度仍比不上手指頭。	作用於拇趾運動的肌肉	伸足拇短肌、屈足拇短肌、外展拇趾肌、內收拇肌
	作用於第二～第五腳趾的肌肉	屈趾短肌、足蚓狀肌、骨間蹠側肌、骨間背側肌
	僅作用於小趾的肌肉	外展小趾、屈小指短肌

56

肌肉的位置（足底的內在肌）

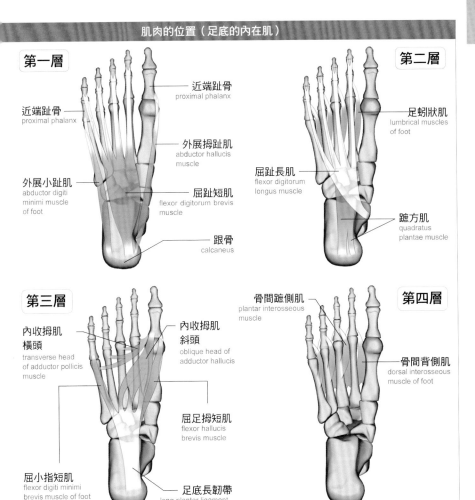

第一層

近端趾骨
proximal phalanx

近端趾骨
proximal phalanx

外展拇趾肌
abductor hallucis
muscle

外展小趾肌
abductor digiti
minimi muscle
of foot

屈趾短肌
flexor digitorum brevis
muscle

跟骨
calcaneus

第二層

足蚓狀肌
lumbrical muscles
of foot

屈趾長肌
flexor digitorum
longus muscle

蹠方肌
quadratus
plantae muscle

第三層

內收拇肌
橫頭
transverse head
of adductor pollicis
muscle

內收拇肌
斜頭
oblique head of
adductor hallucis

屈足拇短肌
flexor hallucis
brevis muscle

屈小指短肌
flexor digiti minimi
brevis muscle of foot

足底長韌帶
long plantar ligament

第四層

骨間蹠側肌
plantar interosseous
muscle

骨間背側肌
dorsal interosseous
muscle of foot

相關知識　手指與腳趾的功能不同

若將豆狀骨視為種子骨的話，構成手部腕骨的
骨頭共有七塊，足部的跗骨也有相似的構造。
足部雖不如手部可以作出非常精巧細膩的動
作，但卻具有可以吸收衝擊力的柔軟度，以及
行走與跑步時不可或缺的強度。

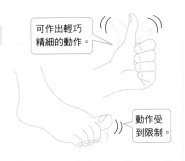

可作出輕巧
精細的動作。

動作受
到限制。

構成脊柱的骨頭與構造

▶ 脊柱由頸椎、胸椎、腰椎、薦椎、尾椎和椎間盤堆疊而成

脊柱的構造 ▶ **背後**

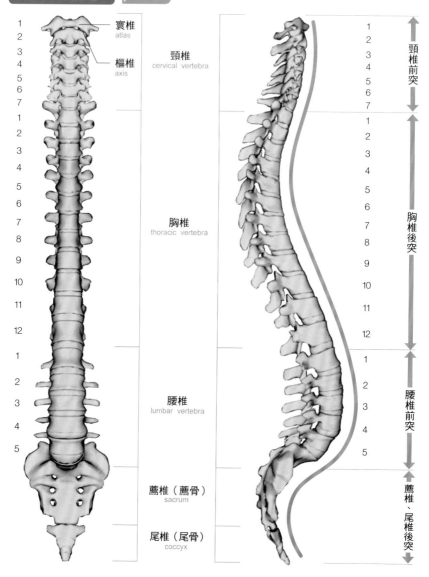

寰椎
atlas

樞椎
axis

頸椎
cervical vertebra

胸椎
thoracic vertebra

腰椎
lumbar vertebra

薦椎（薦骨）
sacrum

尾椎（尾骨）
coccyx

頸椎前突

胸椎後突

腰椎前突

薦椎、尾椎後突

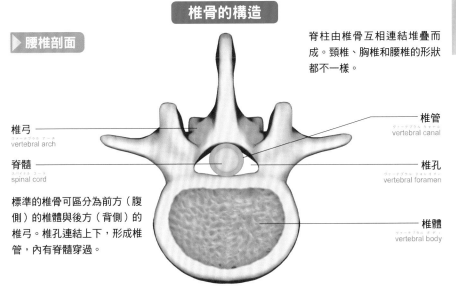

椎骨的構造

▶ 腰椎剖面

脊柱由椎骨互相連結堆疊而成。頸椎、胸椎和腰椎的形狀都不一樣。

椎弓
ヴァーテブラル アーチ
vertebral arch

脊髓
スパイナル コード
spinal cord

標準的椎骨可區分為前方（腹側）的椎體與後方（背側）的椎弓。椎孔連結上下，形成椎管，內有脊髓穿過。

椎管
ヴァーテブラル キャナル
vertebral canal

椎孔
ヴァーテブラル フォレイメン
vertebral foramen

椎體
ヴァーテブラル ボディ
vertebral body

脊柱	
連結顱骨與骨盆的全身重要支柱。自然站立姿勢下，脊柱在額切面上呈一直線，但在矢狀切面上則呈連續性的彎曲狀（生理性彎曲）。頸椎和腰椎向前凸出（前突）；胸椎和薦骨、尾骨部位向後凸出（後突）。	頸椎（第一～第七節）
	胸椎（第一～第十二節）
	腰椎（第一～第五節）
	薦椎（第一～第五節）
	尾椎（三～五節）
	椎間盤（連接上下椎骨的組織）

＊成年後，薦椎和尾椎會各自融合在一起，形成薦骨和尾骨。

生理性彎曲的加大與減少

　　雖然薦骨和尾骨部分會固定不動，但生理性彎曲會隨脊柱的伸展與屈曲而有所變化，亦即脊柱的前突、後突會隨之加大與減少。當脊柱伸展時，頸椎和腰椎的前突會加大；胸椎的後突會減少。相反的，脊柱屈曲時，頸椎和腰椎的前突會減少；胸椎的後突會加大。

　　具有彈性的生理性彎曲猶如拱橋的結構，可以分散垂直方向的重量，柔性的承受重量負荷。

59

作用於脊柱的韌帶與椎間盤

▶ 椎間盤是位於椎體間的組織，具有提高穩定性與緩和衝擊力的功用

椎骨的韌帶

▶背後

第一頸椎
（寰椎）

第七頸椎

第一胸椎

棘上韌帶

枕骨

第二頸椎
（樞椎）

項韌帶

連接椎骨的韌帶	分為連結上下兩塊椎骨，以及連結所有椎骨兩種。
黃韌帶	極具彈性，連結上下端的椎弓，限制脊柱過度屈曲以保護椎間盤。
後縱韌帶前縱韌帶	後縱韌帶位於整個椎體的後方；前縱韌帶則位於整個椎體的前方。前、後縱韌帶從前後兩側與椎間盤連結在一起，為穩定脊柱的重要結構之一。

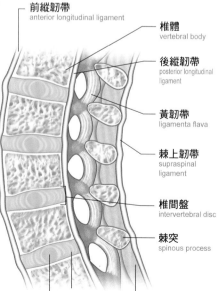

前縱韌帶
anterior longitudinal ligament

椎體
vertebral body

後縱韌帶
posterior longitudinal
ligament

黃韌帶
ligamenta flava

棘上韌帶
supraspinal
ligament

椎間盤
intervertebral disc

棘突
spinous process

髓核
nucleus pulposus

纖維環
anulus fibrosus

棘間韌帶
interspinal ligament

棘上韌帶	位於上下鄰接的棘突尖上，具有防止脊柱過度屈曲的功用。棘上韌帶在頸部特別發達，與項韌帶融合再延伸至顱骨。

椎間盤的功能

椎間盤的功能是**連結上下椎體、加強穩定性，以及緩衝外來衝擊力**。當力量施加於椎間盤上時，主要構成物質為水的髓核並不會因此被壓縮變少，而是呈放射狀朝纖維環突出，纖維環產生的張力也會隨之變大。這股張力會抑制髓核的放射狀膨脹力，降低衝擊速度與吸收衝擊力。

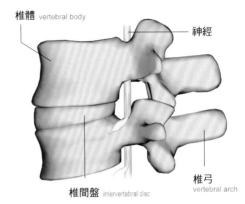

椎間盤的構造

椎體 vertebral body

神經

椎弓 vertebral arch

椎間盤 intervertebral disc

椎間盤是位於上下椎體之間的組織。

▶上面

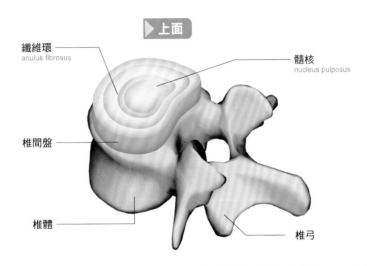

纖維環 anulus fibrosus

髓核 nucleus pulposus

椎間盤

椎體

椎弓

椎間盤	纖維環	纖維彼此交錯排列的組織。由15～20層纖維所組成，每一層的膠原纖維皆呈65度傾斜角排列，但相鄰的兩層斜度相反。基於這樣的結構，脊柱才得以應付施加於椎骨間的剪切、旋轉、分離等各種方向的張力。
	髓核	中心部位的組織。年輕人的髓核是凝膠狀，含水量高達70％。因為髓核含水，椎體可以利用水壓緩和外來的衝擊力。

61

構成頸椎的骨頭與構造

▶ 頸椎有七節，第一頸椎又稱寰椎；第二頸椎又稱樞椎

頸椎的構造

七節頸椎（C1～C7）連結成一串，微微前突，但第一和第二節頸椎在形態上與其他節頸椎不同。

▶ 正面

第一頸椎又稱「寰椎」，外形呈環狀，與枕骨形成寰枕關節。

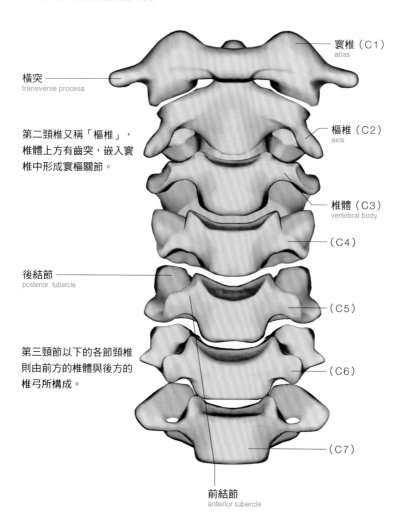

寰椎（C1）
atlas

橫突
transverse process

第二頸椎又稱「樞椎」，椎體上方有齒突，嵌入寰椎中形成寰樞關節。

樞椎（C2）
axis

椎體（C3）
vertebral body

（C4）

後結節
posterior tubercle

（C5）

第三頸節以下的各節頸椎則由前方的椎體與後方的椎弓所構成。

（C6）

（C7）

前結節
anterior tubercle

寰椎、樞椎、椎體

▶ 上面

寰椎（C1）

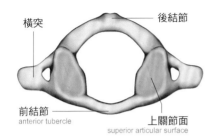

橫突
後結節
前結節
anterior tubercle
上關節面
superior articular surface

樞椎（C2）

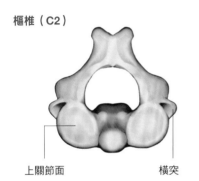

上關節面　　橫突

椎體（C7）

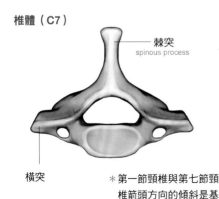

棘突
spinous process
橫突

＊第一節頸椎與第七節頸椎箭頭方向的傾斜是基準位置。

頸椎的運動

屈曲

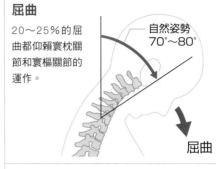

20～25％的屈曲都仰賴寰枕關節和寰樞關節的運作。

自然姿勢 70°～80°

屈曲

伸展

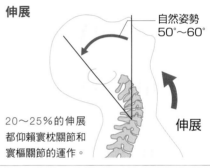

自然姿勢 50°～60°

20～25％的伸展都仰賴寰枕關節和寰樞關節的運作。

伸展

旋轉

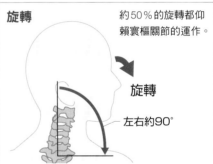

約50％的旋轉都仰賴寰樞關節的運作。

旋轉

左右約90°

側屈

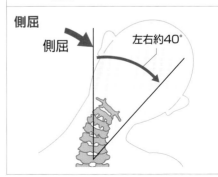

側屈　　左右約40°

63

作用於頸部的肌肉

▶ 頸部左右對稱的肌肉若同時收縮，頸部可以作出屈曲或伸展的動作

頸部的肌肉

頭頸部的肌肉左右成對，加起來大約有30多對。

胸鎖乳頭肌
sternocleidomastoid muscle

▶ 正面

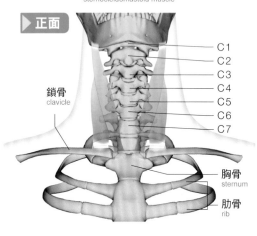

C1
C2
C3
C4
C5
C6
C7

鎖骨
clavicle

胸骨
sternum

肋骨
rib

頭夾肌、頸夾肌
splenius capitis muscle splenius cervicis muscle

▶ 背面

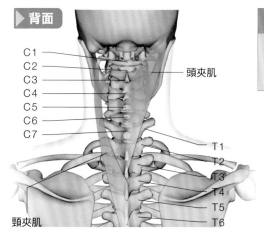

C1
C2
C3
C4
C5
C6
C7

頭夾肌

T1
T2
T3
T4
T5
T6

頸夾肌

胸鎖乳頭肌

左右各一條，是非常明顯的肌肉，從顳骨的乳突延伸至胸骨及鎖骨處。單側肌肉收縮的話，頸部可以往對側方向旋轉，也可以同側方向側屈。若左右兩側同時收縮的話，依頸部姿勢的不同，可作出屈曲或伸展的動作。

相關知識　乳突的位置

胸鎖乳頭肌位於頸部淺層，終點處是位於顳骨的乳突。乳突就是耳廓後方那塊凸凸的骨頭，用手指就可以確認所在位置。

乳突
（耳殼後方的突起）

頭夾肌、頸夾肌

又長又薄的肌肉，單側收縮的話，頸椎會往同側方向側屈、旋轉；兩側肌肉同時收縮的話，則可以伸展頸椎。

斜角肌

起自頸椎橫突，止於第一、二肋骨。單側肌肉收縮的話，頸椎可往同側方向側屈。

前斜角肌 anterior scalene muscle

▶ 正面

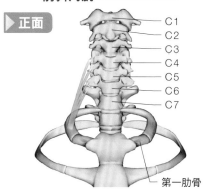

- C1
- C2
- C3
- C4
- C5
- C6
- C7

第一肋骨

中斜角肌 middle scalene muscle

▶ 正面

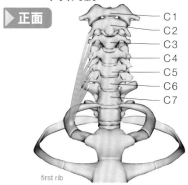

- C1
- C2
- C3
- C4
- C5
- C6
- C7

first rib

後斜角肌 posterior scalene muscle

▶ 前面

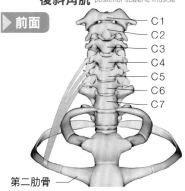

- C1
- C2
- C3
- C4
- C5
- C6
- C7

第二肋骨

頸部的運動與作用的肌肉

屈曲

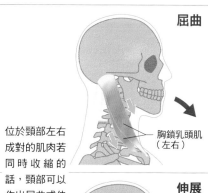

位於頸部左右成對的肌肉若同時收縮的話，頸部可以作出屈曲或伸展的動作。

胸鎖乳頭肌（左右）

伸展

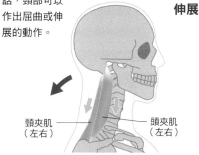

頸夾肌（左右）

頭夾肌（左右）

旋轉

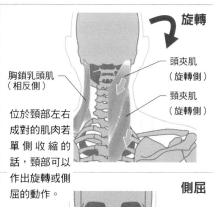

胸鎖乳頭肌（相反側）

頭夾肌（旋轉側）

頸夾肌（旋轉側）

位於頸部左右成對的肌肉若單側收縮的話，頸部可以作出旋轉或側屈的動作。

側屈

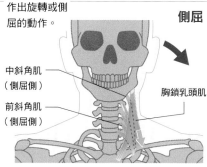

中斜角肌（側屈側）

前斜角肌（側屈側）

胸鎖乳頭肌

構成胸廓的骨頭與構造

▶ 胸廓是保護心臟、肺等內臟的保護器官，由胸椎、肋骨、胸骨構成

胸廓是呼吸時的「風箱」

胸廓由**十二節胸椎**、**十二對肋骨**、**一塊胸骨**組成，這些骨頭所圍起來的內腔，就稱為**胸腔**。

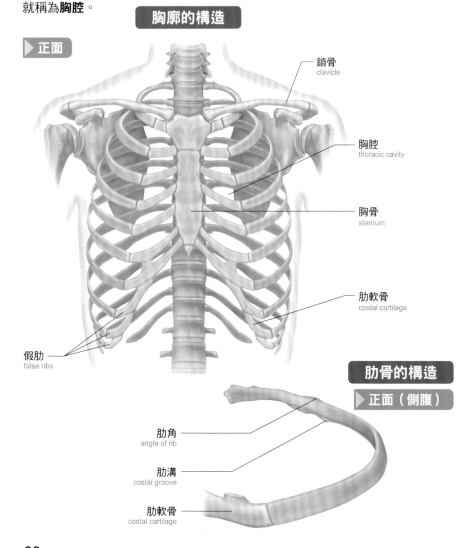

胸廓的構造

▶ 正面

鎖骨
clavicle

胸腔
thoracic cavity

胸骨
sternum

肋軟骨
costal cartilage

假肋
false ribs

肋骨的構造

▶ 正面（側腹）

肋角
angle of rib

肋溝
costal groove

肋軟骨
costal cartilage

　　胸腔既是內有重要臟器的保護器官，與腹腔之間的**橫隔膜**更是呼吸時具有「**風箱**」功能的膜狀肌肉。

　　吸氣時，橫隔膜、斜角肌、肋間肌會使胸廓擴大，肺部因此膨脹，產生吸力。在這之中，主要負責擴大胸廓的就是**橫隔膜**。橫隔膜的收縮會使胸廓的垂直半徑變大。接著，**斜角肌**向上抬起肋骨和胸骨，擴大胸廓。**內、外肋間肌**的作用雖然複雜，但外肋間肌主要是吸氣時的作用肌肉。自然狀態下的呼氣，則透過肺的彈力回縮與橫隔膜的放鬆被動產生。

▶ **背面**

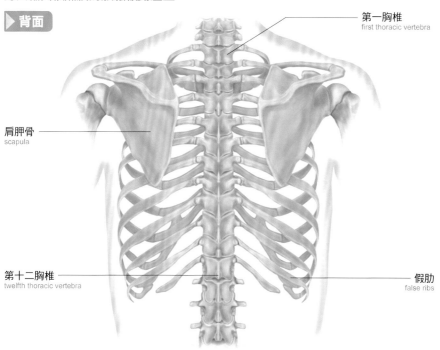

第一胸椎
first thoracic vertebra

肩胛骨
scapula

第十二胸椎
twelfth thoracic vertebra

假肋
false ribs

▶ **側面**　　　　**胸椎的構造**　　　　▶ **上面**

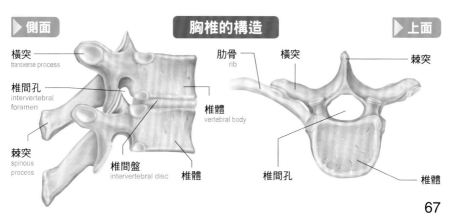

橫突
transverse process

椎間孔
intervertebral foramen

棘突
spinous process

椎間盤
intervertebral disc

椎體

椎體
vertebral body

肋骨
rib

橫突

棘突

椎間孔

椎體

構成腰椎的骨頭與構造

▶ 腰椎可以屈曲、伸展、旋轉、側屈，還能夠與骨盆連動

腰椎的構造

▶ 正面

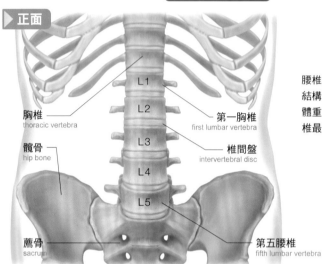

L1
L2
L3
L4
L5

胸椎
thoracic vertebra

髖骨
hip bone

薦骨
sacrum

第一腰椎
first lumbar vertebra

椎間盤
intervertebral disc

第五腰椎
fifth lumbar vertebra

腰椎擁有非常強而有力的力學結構，可以承受整個上半身的體重，在所有脊椎中，第五腰椎最大。

胸椎與腰椎的運動

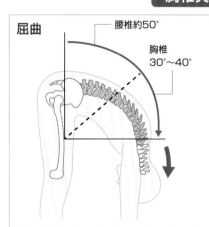

屈曲

腰椎約50°

胸椎
30°～40°

胸椎加腰椎的連動，合計可以屈曲80度～90度。

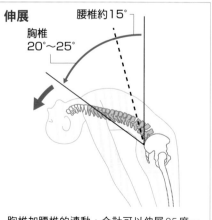

伸展

腰椎約15°

胸椎
20°～25°

胸椎加腰椎的連動，合計可以伸展35度～40度。

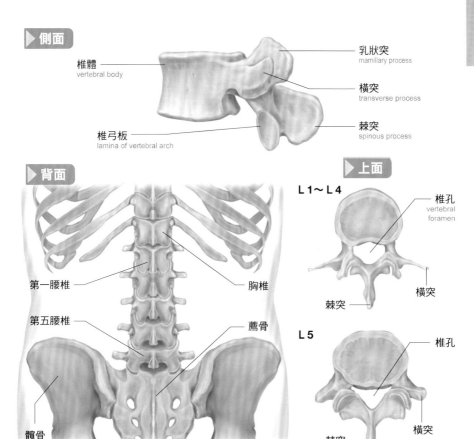

▶側面

椎體
vertebral body

乳狀突
mamillary process

橫突
transverse process

棘突
spinous process

椎弓板
lamina of vertebral arch

▶背面

第一腰椎

胸椎

第五腰椎

薦骨

髖骨

▶上面

L1～L4

椎孔
vertebral foramen

棘突

橫突

L5

椎孔

橫突

棘突

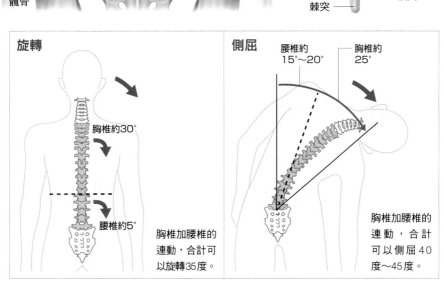

旋轉

胸椎約30°

腰椎約5°

胸椎加腰椎的連動，合計可以旋轉35度。

側屈

腰椎約
15°～20°

胸椎約
25°

胸椎加腰椎的連動，合計可以側屈40度～45度。

作用於腰部的肌肉

▶ 腰椎的屈曲與腹直肌等腹部肌肉有密切關係；腰椎的伸展則與豎脊肌等背部肌肉有關

腰椎的肌肉

▶ 正面

與腰椎有密切關係的腹直肌，在腱劃的區分下，被分成4～5個肌腹。腹外斜肌左右成對，從下位肋骨往斜前方延伸；腹內斜肌位於腹外斜肌的深層，同樣左右成對，但肌纖維方向與腹外斜肌相反。

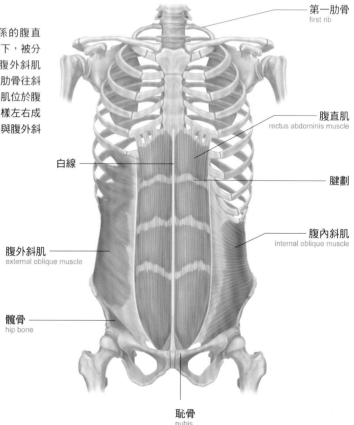

第一肋骨
first rib

腹直肌
rectus abdominis muscle

白線

腱劃

腹內斜肌
internal oblique muscle

腹外斜肌
external oblique muscle

髖骨
hip bone

恥骨
pubis

屈肌	腹直肌	腹直肌為上下長條肌肉，由前腹壁中央的白線分為左右兩側。
	腹外斜肌	左右側同時收縮的話，可以作出屈曲的動作。左右單一側收縮的話，會往同側屈曲、往對側旋轉。
	腹內斜肌	
伸肌	豎脊肌（棘肌、最長肌、髂肋肌）	

背後

與腰椎有密切關係的**豎脊肌是棘肌、最長肌、髂肋肌的總稱**，自枕骨往薦骨延伸。

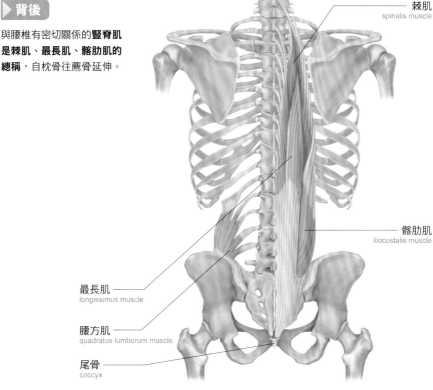

棘肌
spinalis muscle

髂肋肌
iliocostalis muscle

最長肌
longissimus muscle

腰方肌
quadratus lumborum muscle

尾骨
coccyx

腰椎的運動與作用的肌肉

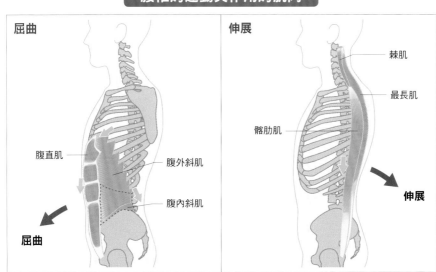

屈曲

腹直肌
腹外斜肌
腹內斜肌

屈曲

伸展

棘肌
最長肌
髂肋肌

伸展

71

「物理治療師」這份工作

我是一名物理治療師（physical therapist：PT），目前服務於日本鋼管醫院。依據日本法律規定，物理治療是指「針對身體障礙者，以恢復基本動作能力為主要目的，進行各種治療運動，以及使用電氣刺激、按摩、溫熱等物理手段進行治療。」話說在沒有現代藥物、外科手術治療的時代裡，都是活用太陽的光熱、溫泉、按摩等方式治療疾病。而物理治療的起源可以回溯至古希臘時代，或許堪稱是最具歷史的治療方法。

復健醫學是一個以專科醫師為核心，各種專業治療師共同加入的醫療團隊，而物理治療師也是其中一員。物理治療師會接觸的疾病橫跨各個領域，如骨科疾病、中樞神經疾病、代謝疾病、循環系統疾病、呼吸系統疾病、運動傷害等等。另外，面臨高齡化社會，照護保險相關事業中的居家復健等也都是復健醫學的業務之一。

具體的治療手法有運動治療、徒手治療、維持動作功能的訓練、物理治療等。運動治療包含強化肌力、維持動作功能的運動、改善關節可動範圍的運動、改善平衡的運動等等；而物理治療則以熱、冷、電等物理因子進行治療。除此之外，為了使日常生活更加舒適，也會建議患者使用輪椅、矯具、枴杖或改建居家環境。

近來有不少物理治療師以防護訓練員的身分活躍於體壇，也有不少物理治療師以預防運動傷害為目的，擔任各類競賽運動的訓練指導員。我目前的主要工作是在醫院單位針對骨科患者及運動傷害的患者進行以運動治療為主的物理治療。在 P 142 與 P 178 中，我也將會為各位介紹一些用於治療運動傷害的伸展運動、貼紮等物理治療的技法。

第2章

日常動作別
肌肉・關節的
運作與結構

動作與模式

▶ 翻身動作中，滾動與滑動同時進行

翻身是「滾動運動」+「滑動運動」

　　翻身這個動作是**人類出生後的第一個移動運動**。從姿位的變化來看，仰位→側臥位→俯位是「滾動運動」。滾動運動是支撐基底區域（支撐身體的支撐面與床接觸到的部分）隨動作而改變的運動之一。

　　然而實際上，就算是睡夢中的翻身，為了不讓身體從床上滾落地面，**除了「滾**

用語解說　　**姿位：仰位、側臥位、俯位**

姿位（position）	表現身體各部位的位置與方向的總稱。也就是一般用以表示身體部位相對位置的「姿勢」的意思。

仰位（supine position）
伸長膝關節、臉部、身體正面朝向天花板平躺，亦即仰躺姿勢。

身體正面朝向天花板

側臥位（side lying）
側躺的姿勢。上肢的軀幹以側面接觸臥床，下肢向下延伸。這種姿勢因為支撐基底區域較狹窄，會比較不穩定，因此下半部的下肢通常會微微彎曲。

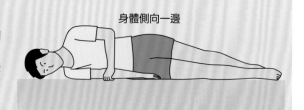

身體側向一邊

俯位（prone position）
腹部朝下，臉部朝向側面或下面的姿位，也稱俯趴位。

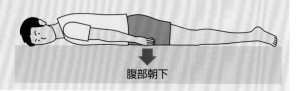

腹部朝下

動運動」外，還會同時進行「滑動運動」，藉此穩定身體中心。具體來說，就是使頭部與軀幹不會偏離中心位置的運動。

從仰位到側臥位的翻身動作

一般而言，從側臥位要改為俯位比較簡單，只要善用旋轉力矩就可以，但要從仰躺變成側臥位的話，就需要多一點力量。

從仰位到側臥位的翻身動作，通常可分為三大模式。就是**「立起雙膝，始於骨盆的翻身」**、**「立起單膝，始於骨盆的翻身」**，以及**「始於肩胛骨的翻身」**。

「力矩」的意義

使物體旋轉所需要的力，亦稱為「扭力」。力矩等於「作用力（肌力或重力）」×「旋轉中心到力的垂直距離（內、外力臂的長度）」。

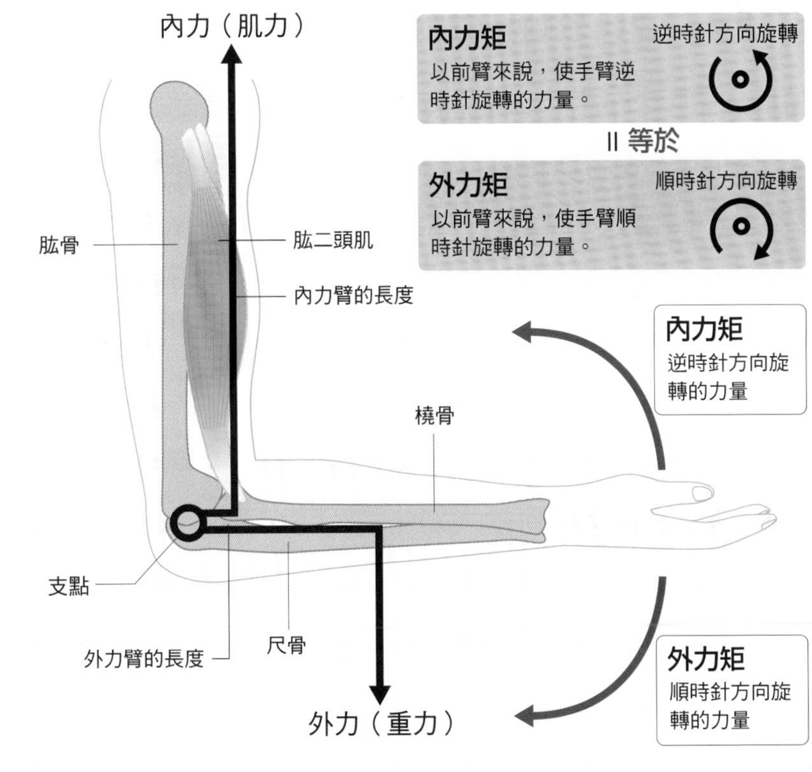

內力（肌力）

內力矩 逆時針方向旋轉
以前臂來說，使手臂逆時針旋轉的力量。

＝等於

外力矩 順時針方向旋轉
以前臂來說，使手臂順時針旋轉的力量。

肱骨
肱二頭肌
內力臂的長度

橈骨

內力矩
逆時針方向旋轉的力量

支點

外力臂的長度　尺骨

外力（重力）

外力矩
順時針方向旋轉的力量

動作模式別的特徵

▶ 始於骨盆的翻身，利用下肢重量的旋轉與骨盆的轉動

立起雙膝，始於骨盆的翻身（右往左）

　　起始姿勢為立起雙膝的仰位，先將雙膝往翻身方向傾斜，腳底下壓床面，轉動骨盆。進行這些動作的同時，將下方軀幹的右後側離開床面。然後右側肩關節水平內收，往翻身側移動變成側臥位。

　　這種翻身方式利用的是雙腳的力量，**透過利用下肢重量的旋轉力矩與施加於床面上的作用力，就可以輕易完成翻身的動作。**

立起單膝，始於骨盆的翻身（右往左）

　　立起與翻身側相反的那隻腳，將立起的那隻腳往翻身方向傾向，並下壓床面。同時開始進行骨盆與左下肢的旋轉運動，將下方軀幹的右後側離開床面。下肢往翻身側傾斜的同時，繼續下壓床面，軀幹邊旋轉邊滾動。右側肩關節水平內收，往翻身側移動變成側臥位。

　　這種翻身方式是**利用右下肢的力量，讓最重的骨盆與下肢先行轉動，之後就能夠輕易轉動上半身軀幹。**

相關知識	關節運動的表現法

屈曲、伸展	外展、內收	外轉、內轉
矢狀切面 屈曲 伸展	額切面 外展 內收	橫切面 外轉　內轉 水平內收 內收

76

翻身的三種模式

1.始於骨盆的翻身（立起雙膝）

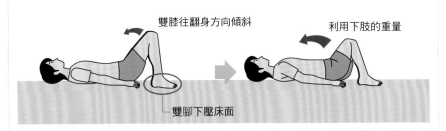

雙膝往翻身方向傾斜

利用下肢的重量

雙腳下壓床面

2.始於骨盆的翻身（立起單膝）

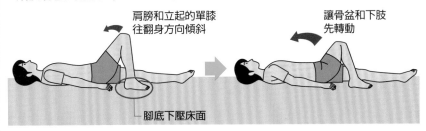

肩膀和立起的單膝
往翻身方向傾斜

讓骨盆和下肢
先轉動

腳底下壓床面

3.始於肩胛骨的翻身

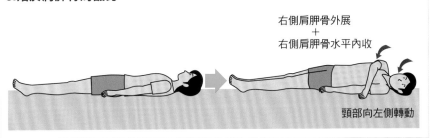

右側肩胛骨外展
＋
右側肩胛骨水平內收

頸部向左側轉動

始於肩胛骨的翻身（右往左）

右側肩胛骨外展加上右側肩胛骨內收，先讓右側上肢往翻身方向移動。進行這些動作的同時，將頸部轉向左側，讓頭部朝向翻身的方向，接著將軀幹的右上部離開床面。加強軀幹的轉動，將重心移往翻身側，如同要將軀幹捲起來般將右側臀部離開床面，變成側臥位。

若**從胸椎至腰椎的轉動角度**來比較始於骨盆的翻身動作與始於肩胛骨的翻身動作，**始於骨盆的翻身動作會小於始於肩胛骨的翻身動作**。

動作與模式

> 從仰位起身變成坐位的動作，主要分成三種模式

從仰位變坐位的起身模式

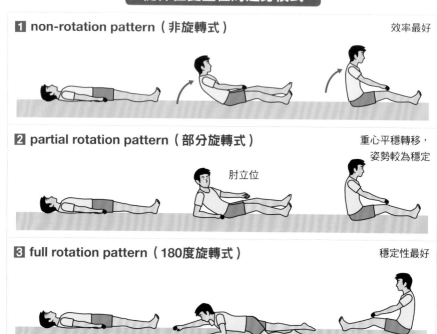

1 non-rotation pattern（非旋轉式）　　　　　效率最好

2 partial rotation pattern（部分旋轉式）　　　重心平穩轉移，姿勢較為穩定

肘立位

3 full rotation pattern（180度旋轉式）　　　穩定性最好

利用上肢、下肢的起身模式

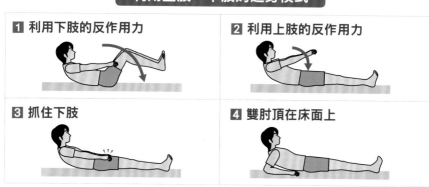

1 利用下肢的反作用力　　　**2** 利用上肢的反作用力

3 抓住下肢　　　**4** 雙肘頂在床面上

從仰位移動至坐位的動作

「起身動作」，一般是以臥位為起始姿位，然後移動至直立位的動作，但這裡將針對「**從仰位移動至坐位的動作**」為大家進行解說。

從仰位起身至坐位，大致可分為「**non-rotation pattern**」、「**partial rotation pattern**」、「**full rotation pattern**」三種模式。另外，依上、下肢的使用方法，還可以分為利用下肢反作用力的方法、利用上肢反作用力的方法、手抓下肢的方法、雙肘頂在床面上的方法等數種方式。

non-rotation pattern非旋轉式在三種模式中，於額切面上的重心移動量最小，是**最有效率的一種**。

partial rotation pattern部分旋轉式分成從仰位至肘立位與從肘立位至坐位兩個階段。因為多了肘立位這個步驟，在額切面與矢狀切面上都能保持足夠的支撐基底區域，所以**重心能夠平穩轉移，身體也較為穩定**。

full rotation pattern 180度旋轉式利用雙手的支撐來輔助起身，雙手雙腳共4個支撐點，所以是這三種模式中**穩定性最高**的一種。

從床上起身的模式（仰位至端坐位）

1 立起單側手肘

立起位於起身側的手肘，順勢旋轉軀幹，將雙腳移到床下，改變成端坐位（雙腳擺在地面上的坐姿）。

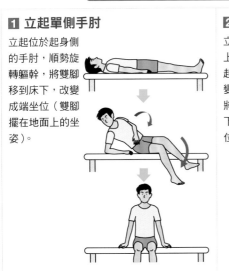

2 立起雙肘

立起雙肘，撐起上半身，順勢抬起雙腳，然後改變身體的方向，將雙腳移到床下，改變成端坐位。

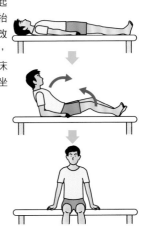

隨成長而改變的起身動作

▶ 起身動作的模式會隨身體機能的改變而有所不同

起身動作的模式會隨成長而有所改變

　　健全成人的起身模式因人而異，但幼兒在成長過程中，起身動作模式則傾向有一定的演變規則。一至兩歲左右會以full rotation pattern模式起身，接著是partial rotation pattern模式，到了四～五歲的時候，則變成non-rotation pattern模式。起身動作模式的改變會**受到幼兒時期運動發達程度的影響**。

　　健全壯年人及高齡者的起身動作幾乎都是partial rotation pattern模式和non-rotation pattern模式，使用full rotation pattern模式的人非常少。壯年期以non-rotation pattern模式居多，高齡者則以partial rotation pattern模式居多。而成人期的起身動作模式會**受到身體機能的影響**。

　　在床上從臥位變成端坐位的起身動作中，年輕的健全者多半採用立起單側手肘的模式，而高齡者則多半採用立起雙肘起身的模式。

相關知識　　**肌肉收縮的形式**

1. 等尺收縮
維持肌肉長度不變來增加張力的收縮形式。

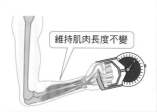

維持肌肉長度不變

2. 等張收縮
當肌肉抵抗一定負荷的阻力時，改變肌肉長度來維持一定張力的收縮形式。

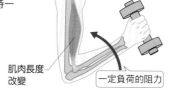

肌肉長度改變

一定負荷的阻力

3. 等速收縮
肌肉收縮速度保持一定的收縮形式。使用可使關節活動時維持等角速度運動的機器。

收縮速度保持不變

從仰位至端坐位的起身動作中，最先是胸鎖乳頭肌收縮，然後是腹直肌和三角肌後部纖維接著收縮。也就是說起身動作中，**先從頸椎的屈曲開始帶動一連串的動作，接著是軀幹的屈曲**。但是，在軀幹屈曲之前，抬頭（頸椎屈曲）時固定軀幹用的固定肌，亦即軀幹屈肌（腹肌肌群）會先進行等長收縮（請參考肌肉的收縮形式）。

起身動作模式會隨著成長而逐漸改變

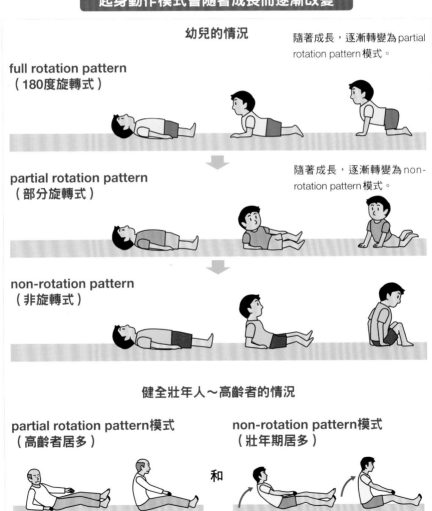

幼兒的情況

隨著成長，逐漸轉變為 partial rotation pattern 模式。

full rotation pattern
（180度旋轉式）

partial rotation pattern
（部分旋轉式）

隨著成長，逐漸轉變為 non-rotation pattern 模式。

non-rotation pattern
（非旋轉式）

健全壯年人～高齡者的情況

partial rotation pattern模式
（高齡者居多）

和

non-rotation pattern模式
（壯年期居多）

動作與模式

> 從地上站起身的動作需要十足的肌力、平衡感，以及足夠的關節可動範圍

分成起身與起立兩個階段

從床上站起身的動作可分成兩個階段，一為從**仰位至坐位的起身動作**；一為從**坐位至站立位的起立動作**（起身動作請參閱P78～P81）。

站起身運動模式的種類非常多樣化，據說有21種之多。其中日常生活中最常見的站起身模式可大致分為三類。

三大類中最常見的是**左右對稱的邊屈曲軀幹邊起身，經蹲位後直接站起身的模式**。其次是**邊屈曲軀幹邊起身，但下肢一前一後，然後以靠近身體側的那隻腳支撐體重站起身的模式**。最後是**軀幹邊向左或向右旋轉邊起身，以旋轉側的上肢撐在地面站起身的模式**。

站起身模式會因身高或BMI值的高低而有所不同

以健全成人來說，**站起身模式會依身高、BMI值高低而有所不同**。身高、BMI值高的人，多半採用旋轉軀幹，以單側上肢撐在地上，經左右不對稱的蹲位站起身模式。反之，身高、BMI值低的人，多半採用左右對稱的邊屈曲軀幹邊起身，經蹲位後直接站起身的模式。從地面上站起身的動作，是一種大範圍支撐基底區域且低重心的仰位轉變成小範圍支撐基底區域且高重心的站立位動作，因此需要有十足的肌力、平衡感，以及足夠的關節可動範圍。

有鑑於此，從地上站起身**對幼兒及高齡者而言，算是一種高難度的日常生活動作**。

相關知識　　支撐基底

支撐身體的支撐面與地面接觸的區塊稱為支撐基底。支撐基底區域愈大，身體就愈穩定，一旦重心線偏離這個區域，跌倒的風險就會提高。

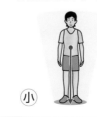
小

大

從仰位站起身的三種模式

1 左右對稱的屈曲軀幹→經蹲位直接站起身

個頭小、體重輕的人常使用這種模式

左右對稱的邊屈曲軀幹邊起身。

直接站起身。

2 屈曲軀幹→下肢一前一後，以靠近身體側的那隻腳支撐體重站起身

以單側下肢支撐體重的模式

以靠近身體側的下肢支撐體重。

下肢一前一後起身。

3 軀幹向左或向右旋轉→以旋轉側的上肢撐在地面站起身

個子高、體重重的人常使用這種模式

以旋轉側的上肢撐在地面上

邊旋轉軀幹邊起身

用語解說 **BMI值（Body Mass Index）**

BMI是身體質量指數。基於體重與身高，客觀評斷個人健康體格的基準，22為標準指標。數值愈大表示過胖，數值愈小表示過瘦。

BMI＝體重（Kg）÷身高^2（m）

肥胖	正常體重	過瘦
（25 以上）	（18.5 以上，未滿 25）	（未滿 18.5）

資料來源：日本肥胖學會

不同動作使用不同肌肉

> 與站起身動作有關的肌肉運作，會依各種模式而有所不同

站起身動作模式會隨成長而逐漸改變

如同起身動作一樣，幼兒在成長過程中，站起身動作模式同樣也傾向有一定的演變規則。

最初會先從**抓扶著東西站起身**的動作開始，接著是**從匍匐爬經高爬位後站起身**。年紀再大一點之後，**從單腳立膝的姿勢站起身**，最後就如同成人般**從蹲位站起身**。站起身動作模式的改變，可說是從平衡穩定姿勢到不穩定姿勢的適應過程。

以支撐基底和重心軌道來說，最初的模式包含許多軀幹旋轉的要素在內，重心的移動距離比較長，但垂直方向的急速移動則比較少，另外也因為使用雙手輔助而加大支撐基底區域，所以站起身動作就變得容易許多。然而因為動作較多，運動所需時間和肌肉活動時間拉長，因此運動效率比較差。

隨著身體機能逐漸發達，慢慢轉變成從蹲位站起身的模式，重心的移動距離縮短了，但垂直方向的急速運動變多，難度跟著提升。不過，優點是動作所需時間和肌肉活動時間縮短，相形之下提升了運動效率。

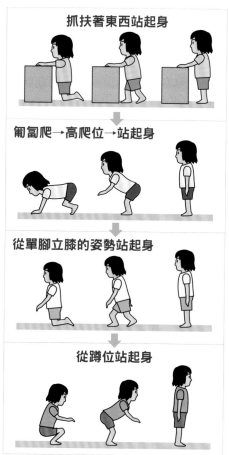

站起身動作的演變

隨著成長，站起身動作的難度提升，但運動效率愈來愈好。

抓扶著東西站起身

匍匐爬→高爬位→站起身

從單腳立膝的姿勢站起身

從蹲位站起身

與站起身動作有關的肌肉運作

	從高爬位站起身 （翻身至右側→高爬位→站起身） 仰位　　高爬位　　站起身		從蹲位左右對稱的站起身 （蹲位→站起身） 仰位　　蹲位　　站起身
腹直肌 ➡ P 70		腹直肌	
臀大肌 ➡ P 41		臀大肌	
肱三頭肌 ➡ P 24		肱三頭肌	
股內側肌 ➡ P 40		股內側肌	
股二頭肌 ➡ P 48		股二頭肌	
最長肌 ➡ P 70		最長肌	

＊■■■ 部分表示各肌肉強烈運作

站起身動作的肌肉運作

　　若**從肌肉活動來分析站起身動作的話**，從高爬位站起身的動作中，先是腹直肌與臀大肌的收縮，然後依序是肱三頭肌、股內側肌、股二頭肌、最長肌的收縮，**左右兩側肌肉的活動力不盡相同**。另一方面，**從蹲位左右對稱的站起身的動作**中，先是腹直肌收縮，然後依序是肱三頭肌、最長肌、臀大肌、股內側肌、股二頭肌的收縮，**左右兩側肌肉的活動力相同**。

動作分期與重心

▶ 從座椅上站起來的動作中，重心位置會隨姿勢而改變

身體重心隨臀部離開座椅而位移

從座椅上站起來的這個動作在日常生活中算是使用頻率相當高的動作之一，從大範圍支撐基底區域（由臀部、大腿、足部構成）變成小範圍支撐基底區域（只剩雙腳接觸地面），可說是**相當有難度的動作**。

有人將從座椅上站起來的動作分為兩期，亦即以臀部離開座椅為分界線，離開座椅前稱為**屈曲期**，離開座椅後稱為**伸展期**。但也有人將這個動作分為四期。

起立動作的分期

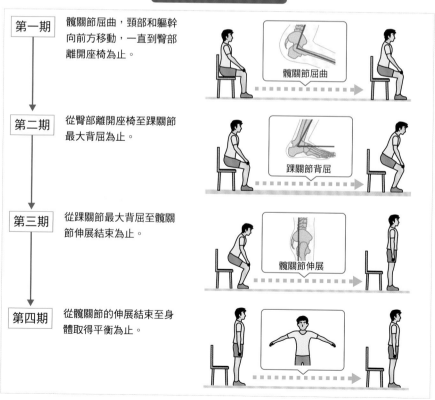

| 第一期 | 髖關節屈曲，頸部和軀幹向前方移動，一直到臀部離開座椅為止。 |
| 髖關節屈曲 |

| 第二期 | 從臀部離開座椅至踝關節最大背屈為止。 |
| 踝關節背屈 |

| 第三期 | 從踝關節最大背屈至髖關節伸展結束為止。 |
| 髖關節伸展 |

| 第四期 | 從髖關節的伸展結束至身體取得平衡為止。 |

就分為四期的情況而論，**第一期**：從髖關節屈曲，頸部和軀幹向前移動，一直到臀部離開座椅為止，這樣的動作會產生一股方向朝向上半身前方的旋轉力矩。

第二期：從臀部離開座椅至踝關節最大背屈為止，上半身的旋轉力矩會影響全身，是重心往前方、上方移動的時期。

第三期：踝關節最大背屈至髖關節伸展結束的時期，也就是髖關節、膝關節伸展，上半身向後方移動，而重心向上方移動的時期。

第四期：髖關節、膝關節伸展結束至身體取得平衡為止的時期。

從站起身動作的身體重心（center of body gravity，COG）轉移來看，**運動開始至臀部離開座椅的這段期間，重心在橫切面上往前方移動；當臀部一離開座椅，重心就會突然近乎垂直的往上移動。**

站起身動作的COG軌道

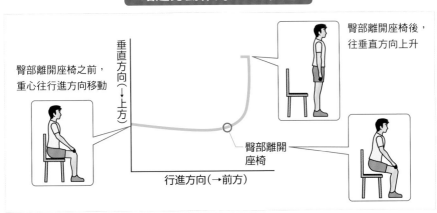

臀部離開座椅之前，重心往行進方向移動

臀部離開座椅後，往垂直方向上升

垂直方向（→上方）

臀部離開座椅

行進方向（→前方）

相關知識 **身體重心（center of body gravity，COG）**

所謂身體重心，指的就是人體質量的中心點。以站立位來說，重心位於第二節薦椎的前方。運動時，身體重心會位於上半身重心（第七～第九節胸椎）與下半身重心（大腿中央與大腿近端1/3處的中間）的連線中央。

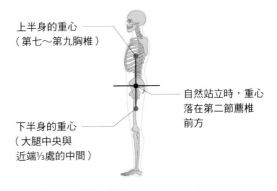

上半身的重心（第七～第九胸椎）

自然站立時，重心落在第二節薦椎前方

下半身的重心（大腿中央與近端1/3處的中間）

不同動作使用不同關節

> 相關連的動作有髖關節、膝關節、踝關節與軀幹的前傾、後傾

關節的伸展與屈曲會隨雙腳的位置而改變

關於站起身動作中的下肢關節運動，首先，當動作開始時，**軀幹前傾，髖關節屈曲**；接下來，當臀部開始準備離開座椅時，**膝關節伸展和踝關節背屈**。臀部離開座椅的時候，**軀幹和髖關節會往伸展方向運動**，緊接著**軀幹、髖關節和膝關節就會急遽伸展**。**踝關節**則從**背屈**改為**蹠屈**，整個動作到此結束。

從動作開始至臀部離開座椅這段期間，透過髖關節屈曲和踝關節背屈，身體重心才得以向前方移動；而從臀部離開座椅至動作結束的這段期間，身體重心往上方移動則是仰賴髖關節伸展和膝關節伸展。

這一連串的關節活動會**隨雙腳的位置而改變**。雙腳離座椅遠的話，軀幹前傾角的變化量與速度必須增加。這是因為雙腳離座椅近的話，就算軀幹前傾角較小，依然可以輕易將身體重心移動至雙腳支撐基底區域；但雙腳離座椅遠的話，不但要增加軀幹前傾角，還必須加快速度，這樣才能順勢進行軀幹的單擺運動，如此一來，才有辦法將身體重心移動至雙腳支撐基底區域。

站起身動作中，關節角度的變化

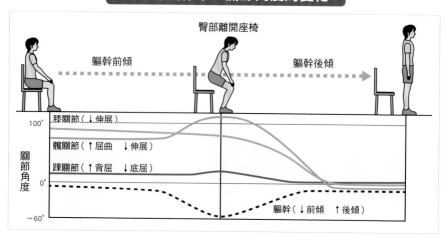

站起身動作中，關節力矩的變化

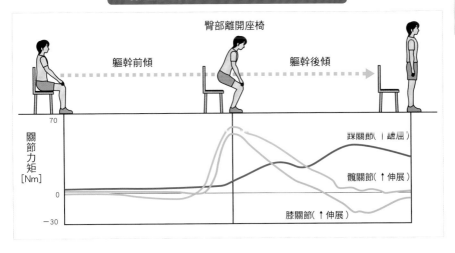

臀部離開座椅

軀幹前傾　　　　　　　　軀幹後傾

關節力矩 [Nm]

70

0

−30

踝關節（︱蹠屈）

髖關節（↑伸展）

膝關節（↑伸展）

髖、膝關節的伸展力矩在臀部離開座椅前後達到峰值

從站起身動作中的關節力矩來看，**臀部離開座椅前的這段期間，髖關節和膝關節的伸展力矩會急速增加**，在臀部離開座椅前後達到峰值力矩，之後再慢慢變小。**在踝關節方面，從臀部離開座椅前後開始**，蹠屈力矩慢慢增加，當動作結束時達到峰值力矩，而站立位就是蹠屈力矩大顯身手的時候。

用語解說　　關節力矩

因外力作用，關節處會產生外部力矩（→P75）。相對於此，為了抵抗外力，關節處會另外產生內部力矩。因此，所謂關節力矩，就是主要作用於關節四周的肌肉力矩之合。

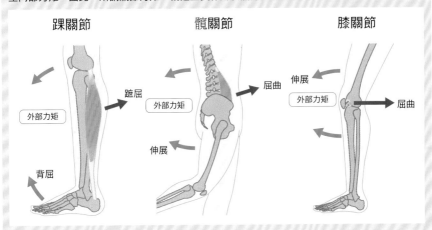

踝關節　　　　　　　　髖關節　　　　　　　　膝關節

蹠屈
外部力矩
背屈

屈曲
外部力矩
伸展

伸展
外部力矩
屈曲

89

不同動作使用不同肌肉

> 與站起身動作有關的肌肉，在臀部離開座椅之前與之後的收縮形態不一樣。

臀大肌、股四頭肌、大腿後肌是主作用肌肉

　　站起身動作中，主作用肌肉有**臀大肌**、**股四頭肌**、**大腿後肌**。其他肌肉則負責穩定軀幹、穩定接觸地面的腳底，以及輔助動作可以順利進行。

　　動作開始時，在**股直肌**和**縫匠肌**的作用下，軀幹會向前傾，而為了避免軀幹過度前傾，**豎脊肌**會發揮拮抗作用（**拮抗肌**）。

　　從動作開始至臀部離開座椅的這段期間，**臀大肌**會進行離心收縮以牽制髖關節屈曲；臀部離開座椅後，臀大肌會作為髖關節伸展的主作用肌進行**向心收縮**。

　　在臀部離開座椅前，**股四頭肌**負責穩定髖關節與膝關節；臀部離開座椅後，則作為膝關節伸展的主作用肌開始運作。

　　動作開始至臀部離開座椅前，**脛骨前肌**負責穩定踝關節，是身體重心往前方移動的重要肌肉之一。

　　從臀部離開座椅至動作結束，**腓腸肌**和**腓骨長肌**負責穩定踝關節，讓上半身能夠盡量保持平衡以方便站起身。

> **相關知識**　　**離心收縮與向心收縮**
>
> 在等張收縮與等速收縮（→P80）中，肌肉收縮時長度變長，稱為離心收縮；肌肉收縮時長度變短，則稱為向心收縮。

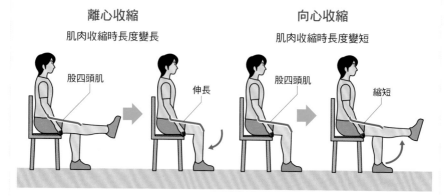

離心收縮
肌肉收縮時長度變長
股四頭肌
伸長

向心收縮
肌肉收縮時長度變短
股四頭肌
縮短

站起身動作中的肌肉運作

臀部離開座椅

第一～第二階段 ➡ 第二～第三階段 ➡

	第一～第二階段	第二～第三階段
股直肌 縫匠肌	促使軀幹前傾	
豎脊肌	控制軀幹前傾	
股肌	牽制髖關節的屈曲	促使髖關節伸展
股四頭肌	穩定髖關節、膝關節	促使膝關節伸展
脛骨前肌	穩定踝關節， 使身體向前方移動	
腓腸肌		穩定踝關節， 讓上半身能夠保持平衡
腓骨長肌		穩定踝關節， 讓上半身能夠保持平衡

＊■■■ 部分表示各肌肉強烈運作

用語解說　主作用肌與拮抗肌

●**主作用肌**
與關節運動有關的肌肉中，主要作用的肌肉稱為主作用肌。

●**拮抗肌**
與主作用肌相拮抗的肌肉。主作用肌與拮抗肌共同作用（同時收縮）時，可以固定關節，使關節更穩定。

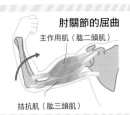

肘關節的屈曲
主作用肌（肱二頭肌）

拮抗肌（肱三頭肌）

91

座椅高度、速度的影響

▶ 椅面愈低，下肢關節的運動範圍愈大

站起身的速度、座椅的高度是影響因子

從椅子上站起身的動作會**依起身速度、座椅椅面高低、有無上肢支撐、足部與臀部的位置等起始姿位的不同**而有不一樣的動作模式與關節角度。

以同樣高度的座椅為例，運動速度愈快，髖關節屈曲角度愈小，身體重心向前移動的情況會減少。相反的，運動速度愈慢，髖關節屈曲角度就會變大。

若座椅高度不同的話，椅面高度愈低，足部位置就會愈後面，頭部和膝蓋向前的移動量就會增加。另一方面，椅面高度愈低，下肢關節的運動範圍也會隨之變大。

依運動速度不同的模式變化

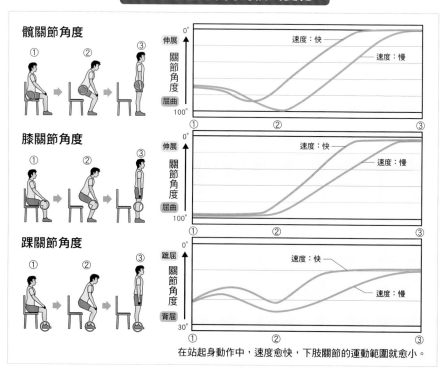

在站起身動作中，速度愈快，下肢關節的運動範圍就愈小。

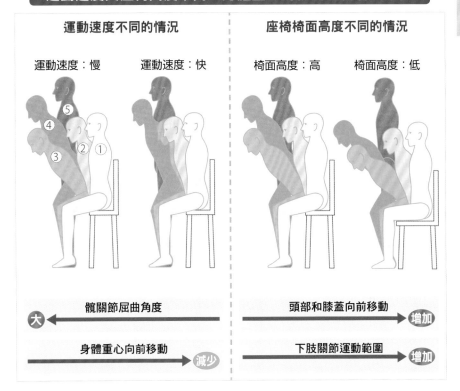

運動速度與座椅高度不同，身體重心的移動也會有所不同

運動速度不同的情況

運動速度：慢　　運動速度：快

座椅椅面高度不同的情況

椅面高度：高　　椅面高度：低

髖關節屈曲角度

大 ←

身體重心向前移動 → 減少

頭部和膝蓋向前移動 → 增加

下肢關節運動範圍 → 增加

高齡者站起身動作的特徵

一般來說，高齡者從座椅上站起來的時候，**運動速度慢，從臀部離開座椅至動作結束所需時間比較長**。除此之外，軀幹前傾角比較大，身體重心容易在臀部離開座椅時偏出支撐基底區域外；而**臀部離開座椅後，也會因為踝關節運動速度不一而造成不穩定**。

從座椅上站起來的時候，必須將身體重心轉移到只有雙腳構成的支撐基底區域內，並且順利的讓重心上升至站立位該有的身體重心處。

但是，從上述高齡者站起身動作的特徵來判斷，高齡者應該要採用先讓身體重心移動至只有雙腳構成的支撐基底區域內，然後待身體穩定後，再慢慢將重心往上移，移動至站立位的身體重心處這種運動模式。

有鑑於此，站起身動作可以用來評估高齡者是否有**下肢肌力衰弱**或**平衡感失調**的問題。

行走的定義

> 行走，在維持站立姿勢狀態下，全身一起移動的複雜動作

身體直立的雙足行走是人類特有的移動方式

包含人類在內的動物，為了變換位置所作的運動就稱為**移位動作（locomotion）**。

步態週期

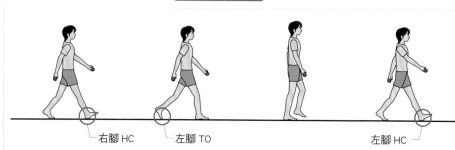

右腳 HC　　左腳 TO　　　　　　左腳 HC

右腳擺盪期　　　　　　　右腳站立期

左腳站立期　　　　　左腳擺盪期

雙腳支撐期　　　　　　　　　雙腳支撐期

一個步態週期

單步（step）

● **步態週期**

依時間要素來觀察行走的基本單位，即對象腳跟接觸地面到該腳跟再次接觸地面所經過的時間。

● **跨步**

對象腳跟著地到該側腳跟再次著地的動作，而這之間的距離稱為跨步長（步幅）。

● **單步（step）**

對象腳跟著地到緊接著對側腳跟著地的動作，而兩腳腳跟之間的距離稱為步長。

● **雙腳支撐期**

雙腳同時接觸地面的時期。

使用四肢的情況稱為四足移動或雙足移動，另外，魚游泳、鳥飛翔，這些也都算是移位動作。然而，在直立狀態下的雙足移動是人類特有的移動方式，所以另外稱為「**行走**」。

行走是個**非常複雜的動作，不僅要對抗重力維持站立的姿勢，還要在站立姿勢下移動整個身體**。行走也是個高度主動化的運動，不但包含自主要素（活動身體等可以依照自我主張加以掌控的要素），也包含各種反射性要素。

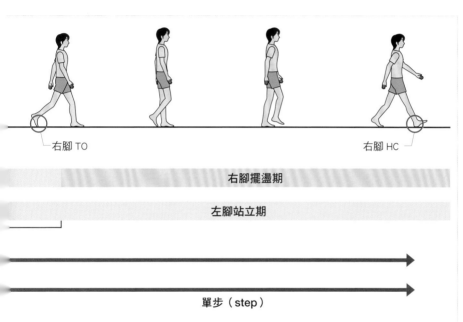

右腳 TO 　　　　　　　　　　　　　　　右腳 HC

右腳擺盪期

左腳站立期

單步（step）

●站立期（約佔整個步態週期的60%）

足部接觸地面的時期。

足跟著地期（heel contact，HC）：腳跟接觸地面的瞬間。

足底著地期（foot flat）：整個腳底接觸地面的瞬間。

站立中期（mid stance）：體重都落在支撐腳的階段。

足跟離地期（heel off）：腳跟離開地面的瞬間。

足尖離地期（toe off，TO）：腳趾離開地面的瞬間。

●擺盪期（約佔整個步態週期的40%）

足部沒有接觸地面的時期，再細分為加速期、擺盪中期、減速期。

功能性的行走步態分期

> 更具功能性的步態分期法，是將著地初期至擺盪期結束的整個過程劃分為八期

Rancho Los Amigos步態分析委員會的定義

前述的步態分析是透過視覺觀察所進行的步態模式分析，屬於較為傳統的分析方法。然而實際上，若說到更具功能性的步態分析，當屬**Rancho Los Amigos 步態分析委員會**所設計提出的分類，他們將步態分為八期。

Rancho Los Amigos 分類

HC（heel contact，足跟著地期）：腳跟接觸地面的瞬間
TO（toe off，足尖離地期）：腳趾離開地面的瞬間

右腳 HC　　左腳 TO　　　　　　　　　　　　左腳 HC

第1~2期　　　　　　第3期　　　　　　第4期　　　　第5期

●第1期：著地初期（對象腳HC至HC之後）

著地初期指的是HC（足跟著地）的瞬間，身體重心急速向下移動，來自地面的反作用力（於地面行走或進行各種身體運動時，地面會對身體產生反作用力）會對腳跟產生垂直方向的劇烈衝擊力。

●第2期：承重反應期（自對象腳HC至對側腳TO為止）

對於HC的急速向下移動，地面會對身體施以垂直向上的反作用力以降低向下的衝擊力，這時候身體重心位於最低點。

●第3期：站立中期（自對側腳TO至身體重心移動至對象腳上方為止）

身體重心慢慢上升，同時由足跟向前方移動。在這個時期的最後，身體重心會位於最高點。

●第4期：站立末期（自身體重心移動至對象腳上方至對側腳HC為止）

身體重心由對象腳足部往前方移動，因為重心落在對象腳足部的支撐基底區域的前方，所以身體容易向前方傾斜。

＊HC：足跟著地　　TO：足尖離地

●**第1期**：著地初期　　自對象腳HC至HC之後。

●**第2期**：承重反應期　自對象腳HC至對側腳TO為止。

●**第3期**：站立中期　　自對側腳TO至身體重心移動至對象腳上方為止。

●**第4期**：站立末期　　自身體重心移動至對象腳上方至對側腳HC為止。

●**第5期**：擺盪前期　　自對側腳HC至對象腳TO為止。

●**第6期**：擺盪初期　　自對象腳TO至對象腳與對側腳並列為止。

●**第7期**：擺盪中期　　自對象腳與對側腳並列至對象腳的小腿伸直為止。

●**第8期**：擺盪末期　　自對象腳小腿伸直至對象腳HC為止。

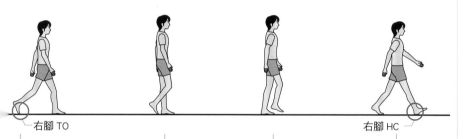

右腳 TO　　　　　　　　　　　　　　　　　　　　　　右腳 HC

第6期　　　　　　　　第7期　　　　　　　　第8期

●**第5期：擺盪前期（自對側腳HC至對象腳TO為止）**
身體重心往對側腳移動，重心再次回到最低點。

●**第6期：擺盪初期（自對象腳TO至對象腳與對側腳並列為止）**
對象腳進入擺盪期，身體重心再次來到最高點。

●**第7期：擺盪中期（自對象腳與對側腳並列至對象腳的小腿伸直為止）**
對象腳的擺盪中期，身體重心自對側腳的支撐基底區域往前移動。

●**第8期：擺盪末期（自對象腳小腿伸直至對象腳HC為止）**
擺盪期的尾聲，身體重心會急遽下降。

矢狀切面、橫切面上的關節角度

以正常速度行走時，骨盆的前傾與後傾角度很小，加起來大約2度～4度

骨盆與矢狀切面上的關節運動

骨盆的運動

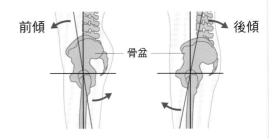

後傾　前傾
合計最大約 2°～4°

前傾2°～後傾2°

以正常速度行走，骨盆的前傾與後傾角度很小，加起來只有2度～4度。

在矢狀切面上，骨盆上端往前方傾斜稱為前傾；反之，往後方傾斜稱為後傾。

前傾　　　　骨盆　　　　後傾

髖關節的運動

屈曲　伸展
最大約30°　最大約10°

屈曲30°～伸展10°

在足跟著地期（HC），髖關節處於20度～30度的屈曲位，隨著軀幹向前移動，髖關節會逐漸伸展，站立中期時來到中間位置，進入足跟離地期後則呈現大約10度的最大伸展位。接下來的擺盪期，為了使下肢向前擺，髖關節會再度屈曲，在腳跟著地之前呈稍微超過30度的最大屈曲角位姿。

膝關節的運動

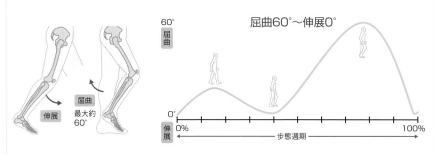

屈曲60°～伸展0°

一個步態週期中，膝關節會進行二次屈曲運動和伸展運動（雙重膝作用：double knee action）。在足跟著地期（HC），膝關節呈5度左右的屈曲位，然後繼續屈曲，在站立中期則加大至15度左右。緊接著膝關節進行伸展運動，在足跟離地期幾乎呈完全伸展的狀態。伸展之後再度屈曲，在擺盪中期呈大約60度的最大屈曲角位姿，但擺盪期的後段會開始急遽伸展，準備進入足跟著地期。

踝關節的運動

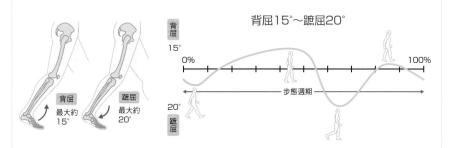

背屈15°～蹠屈20°

一個步態週期中，踝關節會進行二次背屈運動和蹠屈運動。踝關節在足跟著地期（HC）會輕度蹠屈，之後逐漸加大蹠屈角度，在足底著地期蹠屈角度大約8度。隨著軀幹向前移動，踝關節會進行背屈運動，在足跟離地期呈15度的最大背屈角姿位，接著就開始急遽蹠屈，在足跟離地期呈20度的最大蹠屈角位姿。進入擺盪期後，踝關節再度背屈，過了擺盪中期，踝關節就維持在大約5度的背屈。

橫切面上的運動 **（旋轉運動）**	骨盆的旋轉運動每邊各為4度，合計共8度；股骨和骨盆的相對旋轉運動為8度；脛骨和股骨的相對旋轉運動為9度。這三個部位的旋轉運動幾乎都是連動的，**旋轉角度合計為25度**。足跟著地期後半會呈現最大內轉位，接著旋轉運動改為外轉，一直持續到進入擺盪期。

額切面上的上肢關節角度

當行走速度愈快，肩關節、肘關節的活動範圍就愈大

骨盆與額切面上的關節運動

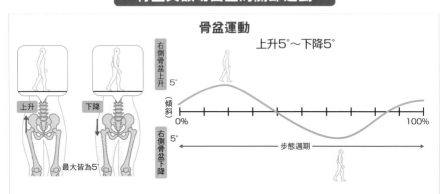

骨盆運動

上升5°～下降5°

髖關節的內收、外展運動皆由股骨上的骨盆運動所產生。

距下關節的運動

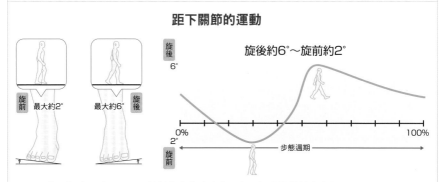

旋後約6°～旋前約2°

在足跟著地期（HC），距下關節的旋後角度大約3度，但緊接著就急遽旋前，在站立中期，距下關節處於2度左右的最大旋前位。然後再度開始旋後，在足跟離地期來到中間位置，在足尖離地期（TO）則處於6度左右的旋後位。在擺盪期，距下關節會進行旋前運動以恢復足跟著地期的輕度旋後位。

旋前　　　　　　　　　　　　旋後

右腳

跟骨的位置變化中，從站立位的後方來看，小趾側足底抬起的動作稱為旋前；拇趾側足底提起的動作則稱為旋後。足部與前臂運動中會出現旋前與旋後的動作。

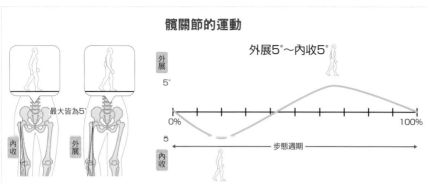

髖關節的運動

外展5°～內收5°

在足跟著地期（HC），髖關節幾乎位於中間位置，在足底著地期之前會內收5度，然後再進行外展運動，在足跟離地期會呈5度左右的最大外展位。接著再度內收，於擺盪期後半段恢復至中間位置。

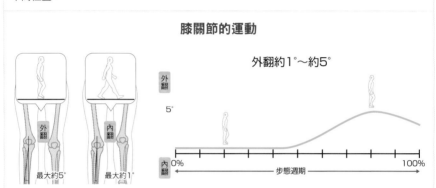

膝關節的運動

外翻約1°～約5°

膝關節在額切面上的運動比較少，在足跟著地期（HC）只有大約1.2度的外翻角度，在整個站立期也幾乎沒有什麼變化。擺盪初期外翻5度左右，當膝關節最大屈曲時，外翻的角度也來到最大。

上肢的關節運動	肩關節	**肩關節在矢狀切面上的運動會與髖關節完全相反。**在足跟著地期呈10度左右的最大伸展位，接著進行屈曲運動。而對側腳的足跟著地期，則屈曲到30度的最大角度。在擺盪期，隨著同側的髖關節屈曲，肩關節會逐漸伸展。	肩關節和肘關節的屈曲、伸展運動，其實就是**手臂的擺動**，行走的速度愈快，手臂擺動的範圍就愈大。
	肘關節	在足跟著地期大約屈曲20度，**隨著肩關節來到最大屈曲位時，肘關節也會呈現45度左右的最大屈曲位。**在擺盪期，肘關節和肩關節則會同時作伸展運動。	

重心的移動與效率

> 將重心的左右、上下移動幅度控制在最小，就是最有效率的行走

行走速度提升，強度與能量的消耗會隨之增大

行走可說是**一種反覆恢復平衡的動作**，亦即為了防止身體因向前傾斜而跌倒，**而不停將身體拉回平衡姿勢的動作**。在一個步態週期中，身體重心主要是向前移動，但向前移動的同時，身體重心還會向兩側及上下移動，我們可以以**兩條正弦曲線**表示之。重心上下移動的軌跡在站立中期的時候最高（上下移動振幅約5公分），在足跟著地期時最低。另一方面，重心向左右兩側移動的軌跡則是在站立中期時最明顯（左右方向的振幅大約4公分）。頭部的左右方向移動大約是6公分。無論上下或左右移動，當行走速度愈快，振幅就愈大。以能量效率來說，若將**重心的左右、上下移動振幅控制在最小化**，就是最有效率、最經濟的行走。

以同樣的距離來說，提升行走速度就能縮短所需時間，但行走強度會增加，消耗的能量也會跟著變大。相反的，降低行走速度會增加所需時間，但同樣會使消耗的能量變大。因此，介於兩者之間最具能量效率的行走速度就稱為**行走的經濟速度**。

重心的上下移動

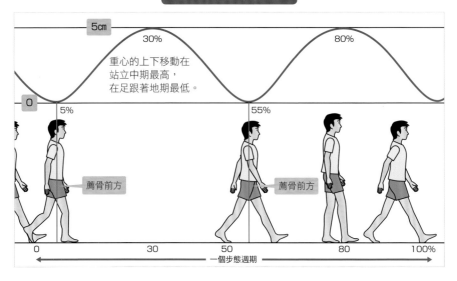

5cm

30%　　　　　　　　　　80%

重心的上下移動在
站立中期最高，
在足跟著地期最低。

0　　5%　　　　　　　　55%

薦骨前方　　　　　　薦骨前方

0　　　　30　　　　50　　　80　　　100%
◀━━━ 一個步態週期 ━━━▶

重心的兩側移動

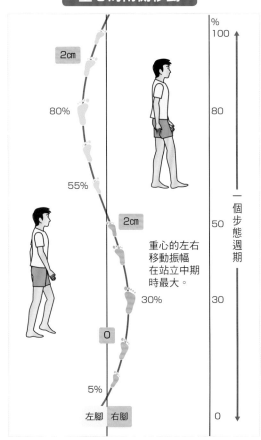

2cm

80%

55%

2cm

重心的左右移動振幅在站立中期時最大。

30%

0

5%

左腳　右腳

%
100

80

50

30

0

一個步態週期

行走的時間指標

● **步頻**
每分鐘行走的步數,亦稱步調。

● **跨步長時間**
一個步態週期的時間。

● **步長時間**
左腳或右腳一個單步的時間。

● **健全成人的行走正常值**
步長大約為72公分(跨步長距離為步長的兩倍),步頻為110 steps/min,行走速度為 1.35 m/sec(時速4.86 km)。
＊依資料出處多少有些不同。

● **男女差別**
女性的步頻較男性高,步長較男性小。

● **日常生活中的行走**
住宅區、商業區、辦公服務區等環境不同,行走速度和步長也會有所不同。

跨步長與步長

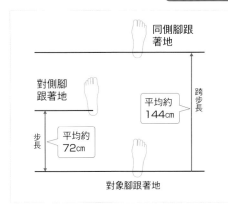

同側腳跟著地

對側腳跟著地

平均約 144cm

跨步長

步長

平均約 72cm

對象腳跟著地

步長	對象腳跟著地到緊接著對側腳跟著地的距離。
跨步長	對象腳跟著地到該側腳跟再次著地的距離,大約是步長的兩倍。

上下、左右、前後的地面反作用力

地面反作用力有垂直方向、左右方向和前後方向三個分力

行走站立期，腳底有來自地面的反作用力

地面反作用力是指地面對身體產生的反作用力，分為垂直方向、左右方向和前後方向三個分力。在行走站立期，腳底會一直有來自地面的反作用力，這些可以透過三維的向量空間來表示。然而，以三維的向量空間來說明行走時的反作用力，大家可能較難以理解，所以本書將從垂直方向、左右方向、前後方向三個部分來為大家解說反作用力的概念。

垂直方向的反作用力

垂直方向的地面反作用力是典型的**雙峰波形**。第一峰值出現在承重反應期至站立中期前半的這段期間，力量大小大約是體重的110～120%。接下來會逐漸下滑，然後在足尖離地期之前再次達到第二峰值，這時大約是體重的90～100%。

左右方向的反作用力

左右（內側、外側）方向的地面反作用力會**因人而異**，力量較上下方向和前後方向的作用力來得小，大約是體重的3～5%。在足跟著地期（HC）後，外側方向的反作用力會達到峰值，進入站立期後則轉為內側方向。

前後方向的地面反作用力

前後方向的地面反作用力是一個**接近三角波的圖形**。在著地初期至站立中期的期間，是向後的反作用力，力量大小是體重的10%左右。站立中期結束時下降至0，接下來轉成向前的反作用力，並持續到足尖離地期（TO），在這段期間力量大小是體重的10%左右。前後方向的衝量是相同的。

相關知識　衝量

衝量是指施加在物體上的作用力與作用時間的乘積。

| 力　時間
2×1＝2 | ＝ | 力　時間
1×2＝2 |

三個方向的地面反作用力

垂直方向的地面反作用力

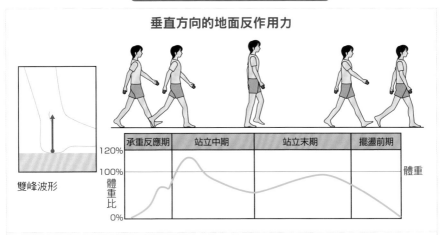

雙峰波形

承重反應期	站立中期	站立末期	擺盪前期

體重比 120% / 100% / 0% — 體重

左右方向的地面反作用力

因人而異，比上下、前後方向的反作用力來得小。

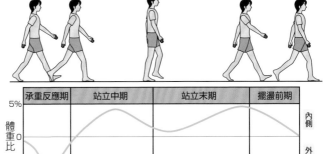

承重反應期	站立中期	站立末期	擺盪前期

體重比 5% / 0 / 5% — 內側 / 外側

前後方向的地面反作用力

接近三角波的波形

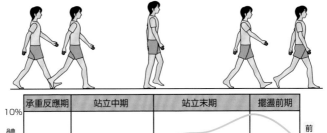

承重反應期	站立中期	站立末期	擺盪前期

體重比 10% / 0 / 10% — 前 / 後

105

作用於關節上的肌肉力矩

> 作用於關節上的肌肉力矩有向心性與離心性之分

下肢肌群的活動會轉換成肌肉力矩

　　生物體的關節運動是旋轉運動，因此肌力具有作為**力矩**（→P75）的功用。行走時的下肢肌群活動具有將肌力轉換成**肌肉力矩**的功用，所以徹底瞭解行走時的肌肉力矩原理是非常重要的。

　　肌肉力矩可分為**向心性**（→P90）與**離心性**（→P90）兩種。在擺盪期後半階段，重力會對髖關節產生伸展力矩，但髖關節的屈肌群進行向心收縮，這時產生的肌肉力矩會促使髖關節屈曲。相反的，在足跟著地後，重力會對膝關節產生屈曲力矩，膝蓋的伸肌群進行離心收縮，產生的肌肉力矩讓膝關節得以彎曲。

　　關於矢狀切面上的下肢關節之肌肉力矩，作用於髖關節的肌肉力矩在足跟著地至站立中期為止是伸展力矩。站立中期至擺盪中期是屈曲力矩，之後再度恢復成伸展力矩。

　　至於作用於膝關節的肌肉力矩，足跟著地後先是伸展力矩，然後轉變為屈曲力矩。足尖離地前再次來到最大的伸展力矩，之後再逐漸轉變成屈曲力矩。

　　最後是作用於踝關節的肌肉力矩，足跟著地後是背屈力矩，整個站立期則是蹠屈力矩。進入足尖離地期之前，蹠屈力矩來到最高值，由此可知腳尖在這個時候作了推進運動。

用語解說　　推進期（push off）

步態週期裡約佔了40％～60％的踝關節蹠屈運動期期間，足跟離地期至足尖離地的這段期間稱為推進期。

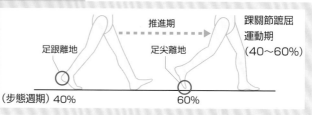

推進期

足跟離地　　　足尖離地

踝關節蹠屈運動期（40～60%）

（步態週期）40%　　　　60%

作用於關節上的肌肉力矩

髖關節的肌肉力矩

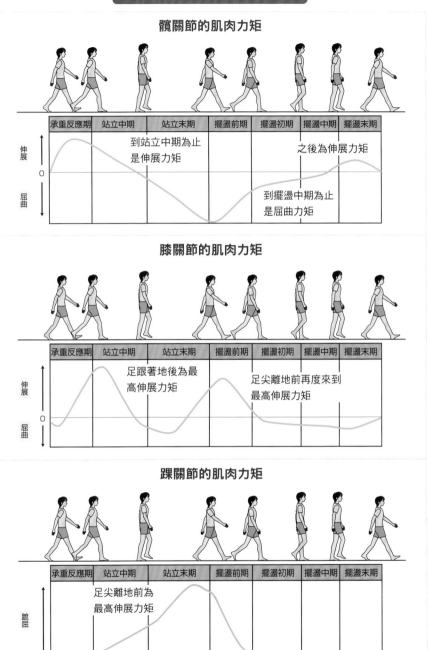

	承重反應期	站立中期	站立末期	擺盪前期	擺盪初期	擺盪中期	擺盪末期

伸展
0
屈曲

到站立中期為止是伸展力矩

之後為伸展力矩

到擺盪中期為止是屈曲力矩

膝關節的肌肉力矩

	承重反應期	站立中期	站立末期	擺盪前期	擺盪初期	擺盪中期	擺盪末期

伸展
0
屈曲

足跟著地後為最高伸展力矩

足尖離地前再度來到最高伸展力矩

踝關節的肌肉力矩

	承重反應期	站立中期	站立末期	擺盪前期	擺盪初期	擺盪中期	擺盪末期

蹠屈
0
背屈

足尖離地前為最高伸展力矩

107

行走時的肌肉活動

下肢的活動肌肉可分為站立期活動肌肉及擺盪期活動肌肉

行走時，肌肉的收縮形態會不一樣

　　正常行走時所使用的下肢肌肉大致可分為**站立期活動的肌肉與擺盪期活動的肌肉**兩種。另外，依照目的之不同，行走時肌肉的收縮形態也會不一樣。減速的時候，肌肉會進行**離心收縮**（→P90）；加速的時候，肌肉會進行**向心收縮**（→P90）；而為了穩定身體，肌肉則會進行**等長收縮**（→P80）。

●臀大肌

　　為了使擺盪末期的髖關節屈曲運動減速，臀大肌會進行離心收縮；而站立初期會強烈進行向心收縮以維持髖關節的伸展。除此之外，站立期期間的臀大肌收縮有助於膝關節的二次伸展。

●臀中肌

　　臀中肌於擺盪末期開始活動，在站立期，尤其是單腳站立期活動得最為旺盛。此外，臀中肌還有一項非常重要的功用，那就是在行走中穩定額切面上的骨盆。

●股四頭肌

　　股四頭肌於擺盪末期開始活動，在站立初期會進行強烈的離心收縮以控制膝關節屈曲。直到站立中期都會進行向心收縮以支撐體重。

●大腿後肌

　　為了使擺盪末期的膝關節伸展運動減速，大腿後肌會進行離心收縮，離心收縮會一直持續到站立初期以輔助髖關節的伸展，並且與股四頭肌同時收縮以穩定膝

用語解說　　足尖最小高度

站立腳在站立中期以後，髖關節與膝關節會進行伸展運動，而對側的擺盪腳則會提舉到不易被地面絆倒的高度以支撐體重。為了不被地面絆倒，擺盪腳的髖關節與膝關節會屈曲，縮短整體下肢。這時腳尖與地面之間的距離就稱為足尖最小高度，正常行走時必須保持所需最小距離。

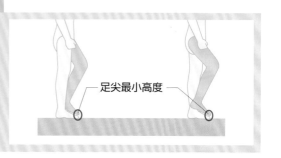

足尖最小高度

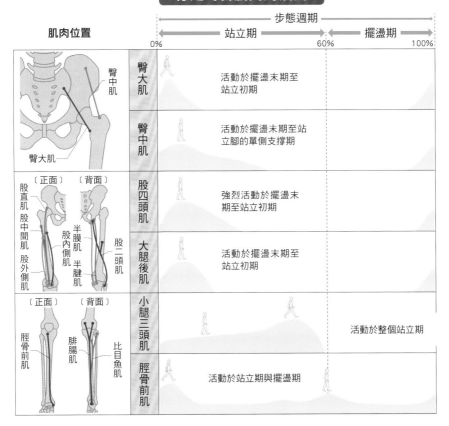

行走時各肌肉的活動

肌肉位置		步態週期	
		站立期 (0%~60%)	擺盪期 (60%~100%)
臀大肌		活動於擺盪末期至站立初期	
臀中肌		活動於擺盪末期至站立腳的單側支撐期	
股四頭肌		強烈活動於擺盪末期至站立初期	
大腿後肌		活動於擺盪末期至站立初期	
小腿三頭肌			活動於整個站立期
脛骨前肌		活動於站立期與擺盪期	

關節。

●小腿三頭肌

　　活動於整個站立期，但自足跟離地期至足尖離地期會強烈收縮。這個時期的收縮運動對身體的前進來說非常重要，稱之為**推進期**（→P106）。

●脛骨前肌

　　脛骨前肌會在足跟著地期一度強烈離心收縮以控制踝關節的蹠屈，之後在擺盪期進行向心收縮以確保足尖最小高度。

●軀肌

　　伸肌的**豎脊肌**和屈肌的**腹直肌**各有各的活動時期。兩塊肌肉幾乎同時間的收縮會提高軀幹在矢狀切面上的穩定性。除此之外，腹直肌和髖關節屈肌的收縮時間一致的話，可以使骨盆和腰椎更加穩定。

行走方式會因成長、年齡增長而有所改變

> 增齡導致行走速度變慢，主要原因是步長變短

行走速度、步長、步頻會因成長、年齡增長而有所變化

行走的各種參數會隨年紀增長而改變。**幼兒期的年齡變化是因為成長與發展的變化；而高齡者的年齡變化則是增齡造成的變化。**

自由行走速度的成長所帶來的變化，**10歲前後幾乎可以達到與成人相同的速度**。而增齡帶來的變化，則是在**70歲過後速度會明顯急遽下降**。

步長與身高有關，但相較於成年人，造成高齡者步長變短並非身高短縮所造成，而是因為增齡的關係。

步頻會因為增齡而降低，但降低的情況不如步長變短來得顯著。依據「**行走速度＝步長 × 步頻**」來推測，增齡造成行走速度降低的主因應該是步長變短的關係。

行走速度的增齡變化

成長帶來的變化

開始會走路的年紀	時速約2.4km
2歲	約3.0km
3歲	約3.7km
4歲	約4.4km

增齡帶來的變化

男性	65～69歲	約4.5km
	70～74歲	約4.4km
	75～79歲	約3.9km
女性	65～69歲	約4.3km
	70～74歲	約4.0km
	75～79歲	約3.2km

10歲前後的行走速度幾乎與成人相同（約4.86km）

男性的行走速度

最大行走速度（盡可能以最快速度行走，不是跑步）在60歲前後會開始減退。女性的話，一般行走速度會在70歲過後急遽下降。

（縱軸）行走速度 (km/h)

（橫軸）年齡（歲）

步長的增齡變化

成長帶來的變化

開始會走路的年紀	時速約25cm
2 歲	約31cm
3 歲	約36cm
4 歲	約43cm
5 歲	約45cm
6 歲	約47cm

增齡帶來的變化

男性	65～69歲	約65cm
	70～74歲	約63cm
	75～79歲	約57cm
女性	65～69歲	約58cm
	70～74歲	約55cm
	75～79歲	約46cm

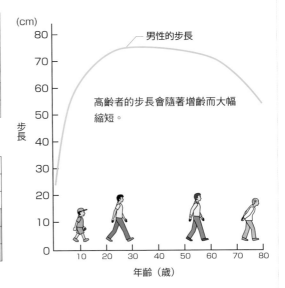

男性的步長

高齡者的步長會隨著增齡而大幅縮短。

步頻的增齡變化

成長帶來的變化

3 歲	約175（步/分）
4 歲	約158
5 歲	約149
6 歲	約143
7 歲	約130

增齡帶來的變化

男性	65～69歲	約114（步/分）
	70～74歲	約117
	75～79歲	約114
女性	65～69歲	約122
	70～74歲	約120
	75～79歲	約115

步頻：一單位時間所走的步數

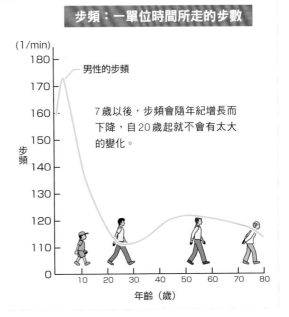

男性的步頻

7歲以後，步頻會隨年紀增長而下降，自20歲起就不會有太大的變化。

111

雙腳支撐期會因成長、年齡增長而有所改變

▶ 雙腳支撐期的時間（比例）增加與身體平衡有關

幼兒和高齡者的雙腳支撐期比例較大

　　雙腳支撐期的時間也會隨著成長而有所改變，以步態週期中所佔的比例來說，相較於成人大約是25％，3歲小孩是29％，4歲小孩是27％，而5歲小孩則是26％左右，亦即**幼兒的雙腳支撐期比例高於成人**。

　　另外，雙腳支撐期的時間也會受到增齡的影響，以男性來說，20歲～39歲大約是0.3秒，70歲～74歲大約是0.33秒，75歲～79歲大約是0.36秒；女性的話，20歲～39歲大約是0.27秒，70歲～74歲大約是0.34秒，75歲～79歲大約是0.41秒，由此可知，**隨著增齡，雙腳支撐期的時間有顯著的增加**。增齡所造成的雙腳支撐期時間延長，會導致一個步態週期的時間變長，步頻下降。

　　而幼兒和高齡者的雙腳支撐期時間比較長（比例較大），是**因為幼兒和高齡者的平衡能力比較差，所以盡可能拉長雙腳支撐在地面的時間以保持身體平衡**。根據研究結果顯示，一般健全成人如果加快行走速度的話，雙腳支撐期比例會減少；隨著行走速度放慢，雙腳支撐期的比例就會延長。也就是說，**雙腳支撐期時間拉長的原因之一可能就是行走速度變慢**。至於相對於雙腳支撐期的單腳支撐期（僅左腳或右腳的單側下肢支撐在地）則看不出有受到增齡的影響。

　　再說到步寬（左右兩腳間的橫向距離），5歲小孩大約是6公分，成人是10公分左右，但這個數值並沒有隨著增齡有太大的變化。

幼兒的地面反作用力之衝量並不一致

　　從地面反作用力於成長過程中的變化來看，一般成人的前後分力的衝量是一致的（→P104），但**幼兒的前後分力之衝量卻不盡相同**。前後分力之衝量一致的話，代表加速與減速的衝量相同，但幼兒因為不一致的關係，所以會有時而加速時而減速的情況發生。在這樣的情況下，為了定速行走（以一定的速度行走），左下肢加速的話，右下肢就必須減速。亦即左右下肢的擺動不對稱，就像是幼兒學走路時會搖搖晃晃，而這些從地面反作用力的數據都可以推測得出來。

幼兒與成人的地面反作用力

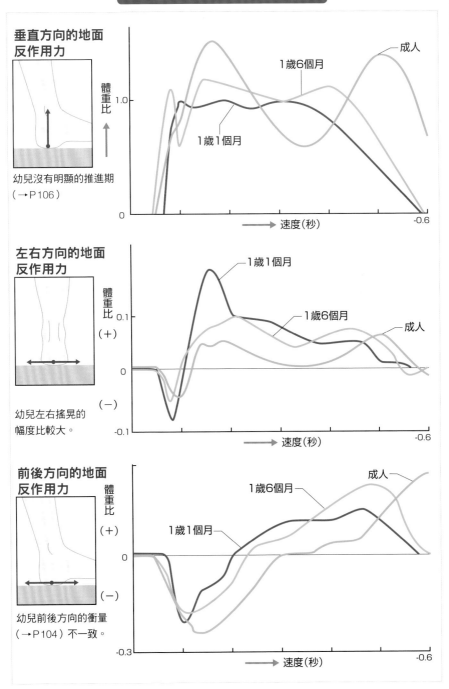

垂直方向的地面反作用力

體重比

1.0

0

幼兒沒有明顯的推進期
（→P106）

1歲6個月

成人

1歲1個月

速度（秒）

-0.6

左右方向的地面反作用力

體重比

0.1
（＋）

0

（－）

-0.1

幼兒左右搖晃的
幅度比較大。

1歲1個月

1歲6個月

成人

速度（秒）

-0.6

前後方向的地面反作用力

體重比

（＋）

0

（－）

-0.3

幼兒前後方向的衝量
（→P104）不一致。

1歲1個月

1歲6個月

成人

速度（秒）

-0.6

行走速度影響行走步態

▶ 行走速度會影響關節角度的變化與地面作用力

對關節角度的影響

●髖關節

在髖關節的變化上，當行走速度加快時，出現在站立末期至擺盪前期的**最大伸展角度會變得更大**，而且最大伸展角度出現的**時間點也會提早**。這是因為要加快速度就必須加大步長，因此最大伸展角度會變得更大；除此之外，行走速度加快的話，雙腳支撐期會變短，最大伸展角度出現的時間就會跟著提早。而擺盪期中**最大屈曲角度也會變大**，這也是因為步長加大所致。

●膝關節

在膝關節的變化上，當行走速度加快時，承重反應期的膝關節**屈曲角度會變大且出現的時間會提早**。這是因為隨著行走速度的提升，足跟著地時的衝擊力會受到限制。除此之外，站立末期的**最大伸展角度也會提早出現**。擺盪期的**最大屈曲角度不但會變大，出現時間也會提早**。擺盪期間的膝關節變化為的就是即使提升行走速度，也能夠確保足夠的**足尖最小高度**（→P108）。

●踝關節

至於踝關節的變化，當行走速度加快時，承重反應期的踝關節**最大蹠屈角度出現的時間點**、站立末期的**最大背屈角度出現的時間點**、足尖離地期的最大蹠屈角度出現的時間點，以及擺盪中期的**最大背屈角度出現的時間點**通通會提早。除此之外，足尖離地期的**最大蹠屈角度會變得更大**。這是因為速度增加導致雙腳支撐期的時間縮短，以及低重心帶來的影響。

對地面反作用力的影響

垂直方向的地面反作用力會因為行走速度加快而使得**雙峰現象**更加顯著。亦即自承重反應期至站立中期前半，地面反作用力會變大，之後就逐漸減弱。而前後方向的地面反作用力則沒有什麼太大的改變，但行走速度提升的話，最大值會跟著增加。左右方向的地面反作用力則完全不受行走速度的影響。

受到行走速度影響的關節角度變化

行走速度加快，下肢關節的動作就必須加大。

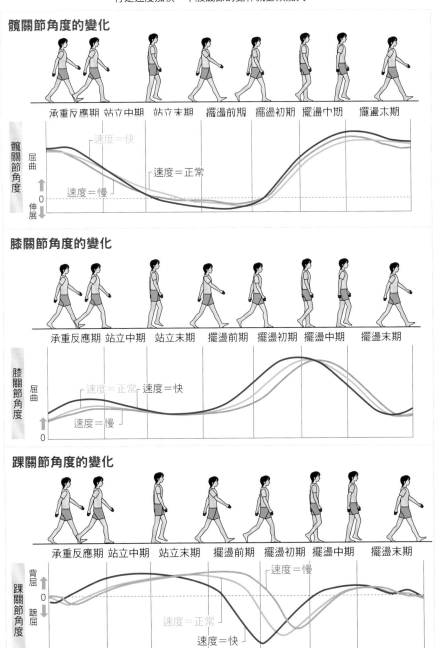

髖關節角度的變化

承重反應期　站立中期　站立末期　擺盪前期　擺盪初期　擺盪中期　擺盪末期

髖關節角度

屈曲

0

伸展

速度＝快

速度＝正常

速度＝慢

膝關節角度的變化

承重反應期　站立中期　站立末期　擺盪前期　擺盪初期　擺盪中期　擺盪末期

膝關節角度

屈曲

0

速度＝正常　速度＝快

速度＝慢

踝關節角度的變化

承重反應期　站立中期　站立末期　擺盪前期　擺盪初期　擺盪中期　擺盪末期

踝關節角度

背屈

0

蹠屈

速度＝慢

速度＝正常

速度＝快

115

行走上坡路時的關節、肌肉變化

> 行走於上坡路時，下肢關節的角度會受到坡度的影響。

下肢關節的角度變化

行走於上下斜坡是日常生活中非常頻繁常見的動作，雖然目前尚未有十分明確的步態週期定義，但**上下坡動作中的站立期比例不因上坡或下坡、坡道傾斜角度而有所差異，同樣皆佔步態週期的61％左右**。

關於行走於上坡路時下肢關節角度的變化，首先，坡度愈大，髖關節在站立初期和擺盪末期的屈曲角度就愈大。若是陡坡，髖關節會一直保持屈曲位。膝關節方面，坡度愈大，膝關節在站立初期的屈曲角度就愈大，但之後的變化則幾乎與在平地時相同。至於踝關節，踝關節以背屈位與地面接觸，若遇陡坡，背屈角度會變大，然後在足尖離地期（腳趾離開地面的瞬間）時慢慢轉為蹠屈，進入擺盪初期時蹠屈角度最大。

地面反作用力的變化

關於行走於上坡路時地面反作用力的變化，首先，垂直方向的地面反作用力與行走於平地時相同，同樣能夠**以雙峰波形來表示，最大值會出現在後半段**。至於前後方向的地面反作用力，後方分力較小，前方分力較大且變化較快。走在平地時，前後分力的衝量（→P104）相同，但**上坡路的話，前方分力的衝量會大於後方分力的衝量**。

作用於關節的肌肉力矩、肌肉活動的變化

關於行走於上坡路時，作用於關節的肌肉力矩之變化，相較於平地行走，站立期出現髖關節最大伸展力矩的時間點會提早，而且力矩值也會比較大。足跟著地後出現膝關節伸展力矩的時間點也會提早，但足尖離地前的伸展力矩會變小。同樣的，踝關節的蹠屈力矩也會提早出現，雖然力矩大，但最大值幾乎與行走於平地時相同。至於行走於上坡路時肌肉活動的變化，相較於平地行走，**臀大肌於站立初期、股三頭肌於站立中期**，以及**脛骨前肌在擺盪期**的活動強度都比較大。

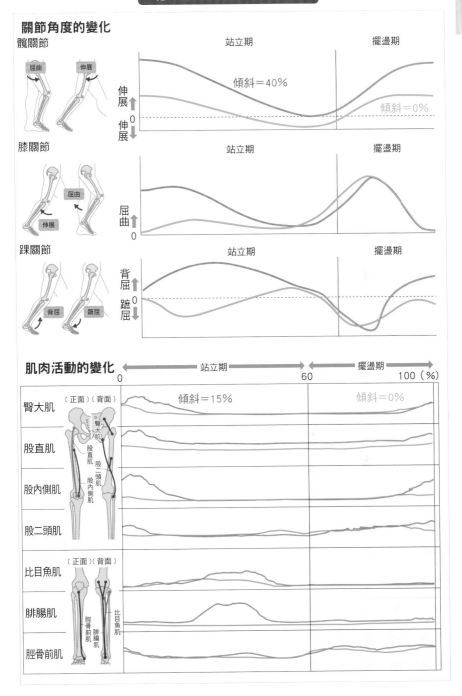

行走於上坡路時的變化

關節角度的變化

髖關節

屈曲　伸展

站立期　　擺盪期

伸展　0　伸展

傾斜＝40%

傾斜＝0%

膝關節

屈曲　伸展

站立期　　擺盪期

屈曲　0

踝關節

背屈　蹠屈

站立期　　擺盪期

背屈　0　蹠屈

肌肉活動的變化

站立期　　擺盪期

0　　　　　　　　60　　　　　　100（%）

臀大肌　〔正面〕〔背面〕

傾斜＝15%　　　傾斜＝0%

臀大肌

股直肌

股直肌　股二頭肌　股內側肌

股內側肌

股二頭肌

比目魚肌　〔正面〕〔背面〕

腓腸肌

比目魚肌

脛骨前肌　脛骨前肌　腓腸肌

117

行走下坡路時的關節、肌肉變化

▷ 下坡時地面反作用力的最大值會出現在前半段

下肢關節的角度變化

關於行走於下坡路時下肢關節角度的變化，相較於平地行走，髖關節在站立初期的屈曲角度比較小，之後的伸展角度也比較小。若在陡坡上的話，髖關節在整個步態週期會一直維持屈曲位。膝關節方面，在足跟著地期與行走於平地時一樣都是輕度彎曲，之後為了維持屈曲，所以不會出現**雙重膝作用**（double knee action）。在踝關節方面，關節角度變化模式幾乎等同於平地行走，但坡度愈陡，站立初期的蹠屈角度就愈大。

地面反作用力的變化

關於地面反作用力在行走於下坡路時的變化，首先，垂直方向的地面反作用力與行走於平地時相同，同樣能以**雙峰波形來表示**，但不同於上坡路的是**最大值會出現在前半段**。至於前後方向的地面反作用力則與上坡路相反，後方分力較大，前方分力較小，而且當前方分力愈小時，後方分力就愈大。於平地行走時，前後分力的**衝量**（→P104）相同，但**下坡路的話，後方分力的衝量會大於前方分力的衝量**。

作用於關節的肌肉力矩、肌肉活動的變化

關於行走於下坡路時，作用於關節的肌肉力矩之變化，相較於平地行走，髖關節的模式幾乎相同，但力矩會變小。**在站立期，膝關節持續產生較大的伸展力矩**，特別是後半段的伸展力矩更是明顯。而踝關節的蹠屈力矩則是在站立中期時會變大。

至於行走於下坡路時肌肉活動的變化，相較於平地行走，**股直肌於站立初期、股內側肌於站立中期至末期**會有較強烈的活動。而**股三頭肌在站立末期的活動則會趨緩**。

用語解說	雙重膝作用

雙重膝作用（double knee action）指的是一個步態週期中，會有重複2次的膝關節屈曲運動與伸展運動。

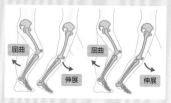

屈曲　伸展　屈曲　伸展

行走於下坡路時的變化

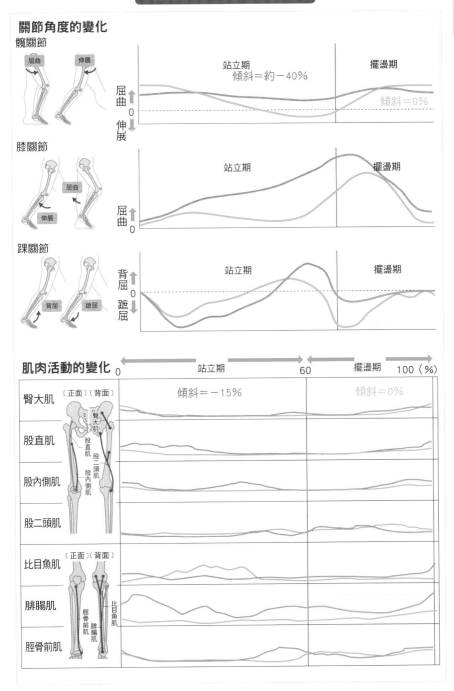

關節角度的變化

髖關節

屈曲　伸展

屈曲　0　伸展

站立期
傾斜＝約－40％

擺盪期

傾斜＝0％

膝關節

屈曲

伸展

屈曲

屈曲　0

站立期

擺盪期

踝關節

背屈　蹠屈

背屈　0　蹠屈

站立期

擺盪期

肌肉活動的變化

0　　站立期　　60　擺盪期　100（％）

臀大肌　〔正面〕〔背面〕

臀大肌　股直肌　股二頭肌　股內側肌

傾斜＝－15％

傾斜＝0％

股直肌

股內側肌

股二頭肌

比目魚肌　〔正面〕〔背面〕

脛骨前肌　腓腸肌　比目魚肌

腓腸肌

脛骨前肌

上階梯時的關節、肌肉變化

▶ 上下階梯以同側腳尖著地至下一次腳尖著地為一個週期

站立期細分為四期，擺盪期細分為二期

　　上下階梯也是日常生活中非常頻繁常見的動作，**身體不但要水平移動，同時也要垂直移動**，對高齡者和身心障礙者來說算是難度較高的動作。

　　與一般行走一樣，上下階梯同樣有步態週期。不同於行走的步態週期是同側的腳跟著地（足跟著地期）至該腳跟再次著地算是一個週期，上下階梯的步態週期是自**同側的腳尖著地至該腳尖下一次著地算是一個週期**。上下階梯的步態週期可大致分為站立期與擺盪期，**站立期再細分為四期，而擺盪期也再細分為二期**。

下肢關節於矢狀切面上的角度變化

　　就上階梯動作中下肢關節於矢狀切面上的角度變化來說，髖關節的角度變化大

上階梯動作的步態週期

站立期	第一期	位在上階的下肢承受重量。
	第二期	位在上階的下肢支撐體重。
	第三期	身體重心從位在上階的足部支撐基底區域的後方往前方移動。
	第四期	位在下階的下肢支撐體重。
擺盪期	第一期	足部上舉，越過位在上階的足部。
	第二期	為了將足部置於階梯上，決定雙腳擺放位置的期間。

←――――――――― 站立期 ―――――――――→ 　　 ←―― 擺盪期 ――→

| 第一期 | 第二期 | 第三期 | 第四期 | 第一期 | 第二期 |

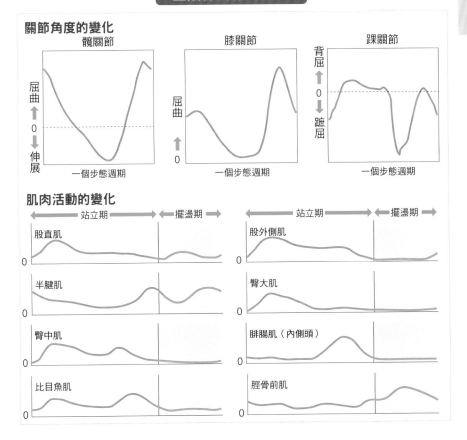

上階梯動作的變化

關節角度的變化

髖關節　　　　膝關節　　　　踝關節

肌肉活動的變化

股直肌　　半腱肌　　臀中肌　　比目魚肌

股外側肌　　臀大肌　　腓腸肌（內側頭）　　脛骨前肌

致與平地行走時相同，但**屈曲和伸展角度都比較大**。而膝關節的話，與平地行走時一樣皆能以**雙峰波形**來表示，但屈曲峰值出現的時間較平地行走時來得晚。上階梯時的踝關節在矢狀切面上的角度變化則與平地行走時不同，**著地期的蹠屈角度比較大**，接著會轉變為背屈，**擺盪期的蹠屈角度也比較大**。

下肢肌肉的活動

　　關於上階梯時的下肢肌肉活動，在站立期的第二期至第三期期間，**臀大肌、臀中肌和股四頭肌**的活動力比較高，而站立期的第三期至第四期的期間，主要仰賴**小腿三頭肌**的活動。另外，進入擺盪期後，大腿後肌和**脛骨前肌**的活動力則會開始逐漸提升。

下階梯時的關節、肌肉變化

> 下階梯動作中，踝關節有獨特的運動方式

下階梯的步態週期時間較上階梯來得短

相對於重力的運動方向，下階梯動作與上階梯動作相反，但從運動學的觀點來看，下階梯並非相反於上階梯。

無論上階梯還是下階梯，就算階梯高度再高，一個步態週期中的站立期與擺盪期的比例依舊沒有改變，**以相同的階梯高度來說，下階梯動作的運動時間比上階梯動作來得短**。此外，下階梯動作中的站立期比例也比上階梯動作的站立期來得短。

下肢關節於矢狀切面上的角度變化

就下階梯動作中下肢關節於矢狀切面上的角度變化來說，相較於平地行走，髖關節的屈曲、伸展角度變化較小，**整體來說都處於屈曲範圍內**。膝關節的角度變

下階梯動作的步態週期

站立期	第一期	位在下階的下肢承受重量。
	第二期	位在下階的下肢支撐體重。
	第三期	身體重心從位在下階的足部支撐基底區域的後方往前方移動。
	第四期	位在上階的下肢支撐體重。
擺盪期	第一期	相當於行走步態週期中的擺盪初期與中期。
	第二期	為了將足部置於階梯上做準備。

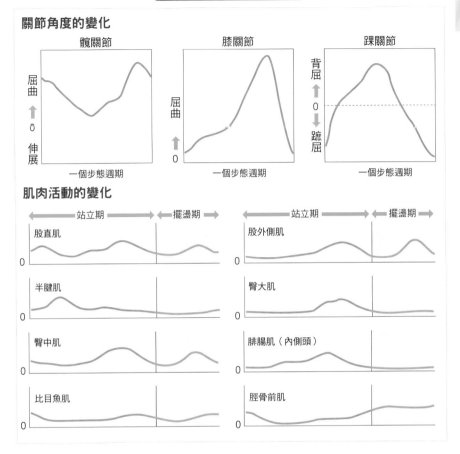

下階梯動作的變化

關節角度的變化

髖關節 膝關節 踝關節

肌肉活動的變化

股直肌　股外側肌

半腱肌　臀大肌

臀中肌　腓腸肌（內側頭）

比目魚肌　脛骨前肌

化與平地行走時不同，無法以雙峰波形表示，屈曲角度會較平地行走時來得大。

踝關節運動較為與眾不同。**踝關節在蹠屈位時接觸地面，一支撐體重後就即刻轉變成背屈**。緊接著在之後的擺盪期時，為了準備下個台階的著地，踝關節會再次蹠屈。

下肢肌肉的活動

關於下階梯時的下肢肌肉活動，在站立期的第二期至第三期的期間，**臀大肌**、**臀中肌**、**股四頭肌**、**腓腸肌**的活動力比較高；而站立期的第三期至第四期期間，主要仰賴**股四頭肌**和**腓腸肌**的活動。另外，進入擺盪期後，**大腿後肌**和**脛骨前肌**的活動力則會開始逐漸提升。

上下階梯動作的肌肉力矩

▶ 上下階梯時，膝關節與踝關節擔負重責大任

上階梯時的肌肉力矩

關於上階梯動作的肌肉力矩，最大肌肉力矩值會出現在**站立期第一期至第二期的期間**。為了使軀幹稍微前傾，髖關節會產生向心（→P90）伸展力矩；為了將身體向前上方抬起，膝關節會產生向心伸展力矩。而踝關節則會產生離心（→P90）蹠屈力矩以控制身體往前方移動。在**站立期的第三期**，髖關節和膝關節都會發揮向心伸展力矩以保持身體向前上方移動，但是，與第一期至第二期的這段時間相比，力矩值會變得比較小。至於**站立期的第四期**，身體重心會位在髖關節、膝關節附近，並通過踝關節前方遠端。因此在這段期間，髖關節和膝關節幾乎不會產生什麼力矩，但為了將身體向前上方抬起，踝關節會發揮最大向心蹠屈力矩。

另外，再從上階梯動作**站立期第一期**中的位於上階的下肢與位於下階的下肢（對側腳）來看肌肉力矩，位於下階的踝關節會發揮向心蹠屈力矩，緊接著位於上階的膝關節會發揮向心伸展力矩，並在**站立期第二期時達到最大值**。亦即位於

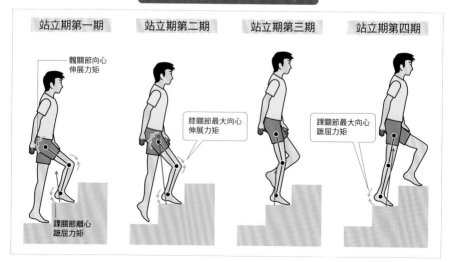

上階梯動作的肌肉力矩

| 站立期第一期 | 站立期第二期 | 站立期第三期 | 站立期第四期 |

髖關節向心
伸展力矩

膝關節最大向心
伸展力矩

踝關節最大向心
蹠屈力矩

踝關節離心
蹠屈力矩

下階的踝關節與位於上階的膝關節共同協調運作，將身體向前往上帶，而髖關節則負責輔助的工作。

下階梯時的肌肉力矩

關於下階梯動作的肌肉力矩，在**站立期第一期**，身體重心會通過踝關節的前方遠端。踝關節會發揮離心蹠屈力矩，控制身體向前下方移動。在**站立期第二期**，身體重心通過膝關節後方，在踝關節發揮離心蹠屈力矩的同時，膝關節也會發揮離心伸展力矩以控制身體向前下方移動。除此之外，兩個關節的離心力矩也可以幫忙吸收著地時產生的衝擊力。在**站立期第三期**，膝關節的離心伸展力矩與踝關節的離心蹠屈力矩持續作用，但力矩值皆變小。在**站立期第四期**，身體重心遠離膝關節後方與踝關節前方，在膝關節的離心伸展力矩作用下，得以控制身體向前下方移動。踝關節雖然發揮蹠屈力矩，但因為關節幾乎沒有運動，所以作用等同於等長運動。

另外，再從**站立期第一期**中的位於下階的下肢與位於上階的下肢（對側腳）來看肌肉力矩，位於上階的膝關節會發揮離心伸展力矩，位於下階的踝關節則會發揮離心蹠屈力矩，緊接著膝關節發揮離心伸展力矩。如同上階梯動作，在下階梯動作中，**膝關節和踝關節同樣扮演著非常重要的角色**。

下階梯動作的肌肉力矩

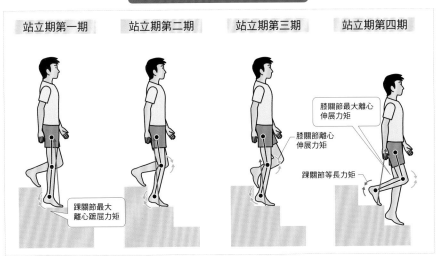

站立期第一期　　站立期第二期　　站立期第三期　　站立期第四期

膝關節最大離心伸展力矩

膝關節離心伸展力矩

踝關節等長力矩

踝關節最大離心蹠屈力矩

高齡者上下階梯時的動作特徵

高齡者上階梯時，軀幹前傾角過大

如前所述，上階梯動作會帶給膝關節和踝關節很大的負荷，而髖關節在動作中則會擔負起輔助的工作。另一方面，在下階梯動作中，軀幹在整個站立期幾乎都會保持直立姿勢，因為髖關節運動範圍小，髖關節的肌肉力矩幾乎沒有發揮作用。

以高齡者上階梯的特徵來說，**高齡者的軀幹前傾角普遍比年輕人來得大**。因此高齡者的身體重心會比較偏向前方，這會導致**膝關節的伸展力矩減少，髖關節的伸展力矩變大**。

然而，在上階梯站立期的第一期至第二期的期間，其實需要強度大的膝關節伸展力矩，但因為高齡者膝關節肌群的肌力不足，他們會轉而透過**將軀幹向前傾斜**的方式，來利用**年輕人只用來作為輔助用的髖關節之伸肌肌力**。當台階愈高時，對髖關節伸肌的依賴就愈大。

下階梯動作對高齡者來說是個難度很高的動作

下階梯動作中，高齡者和其他各年齡層的人沒有什麼太大的不同。在上階梯動作中，就算為了使用髖關節伸肌的力量而大幅將軀幹向前傾，也不太會有摔落的風險。但在下階梯動作中，若將軀幹向前傾斜的話，身體重心一往支撐基底區域的前方移動，摔下階梯的風險就會跟著提高。亦即在下階梯動作中，**要以髖關節來代償膝關節與踝關節的重要功能，是一件相當困難的事**。

在下階梯的站立期第四期中，需要有位於上階的膝關節發揮離心伸展力矩，如此一來才能緩和位於下階的腳接觸地面時所產生的衝擊力。但高齡者因為膝關節肌群的肌力不足，這樣的運動過程無法進行得很順利。因此，對高齡者來說，下階梯動作會比上階梯來得困難。

另外，相較於上階梯動作，下階梯動作中的重心位置與足底壓力中心的距離比較大，再加上雙腳支撐期較短，**要保持身體平衡也實屬不易**。

台階高度不一的樓梯之上下樓動作

●上樓梯的動作

高齡者除外之各年齡層的人

台階的高度愈高，對膝關節和踝關節的負荷就愈大。

高齡者

軀幹前傾

台階的高度愈高，軀幹前傾角就愈大，對髖關節的負荷也就愈大。

●下樓梯的動作

高齡者除外之各年齡層的人

台階的高度愈高，膝關節的屈曲角度就會加大，對膝關節的負荷就會跟著增加。

高齡者

因身體不易向前傾斜，再加上膝關節附近肌群的肌力不足，使得原本可以緩和位於下階的腳接觸地面時產生之衝擊力的作用受到妨礙。

相關知識 **足底壓力中心**

所謂足底壓力，是指足部接觸地面時，單位面積上所承受的力，受力大小和方向都不固定。地面反作用力的向量是所有受力之合力，而合力的作用點就稱為「足底壓力中心」。

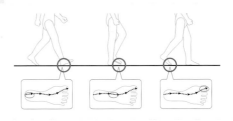

動作分期與關節運動

▶ 側走時的下肢關節動作，會因一個週期的移動距離而有所不同

側走的動作可細分為五期

側走是日常生活中用於狹窄空間中的移動方式，但同時也是復健醫療領域用於**強化衰退的臀中肌與提升平衡感**的訓練方式。

雖然目前尚未確立側走的分期，但有些人將側走**細分成五期**。

下肢關節的動作會因一個週期的移動距離而有所不同。在髖關節方面，距離愈

側走動作的分期

第一期	側走開始時，重量急速移往後方下肢。擺動前方下肢的準備期。
第二期	前方足部離地，後方下肢單獨站立的擺動期。
第三期	前方足部著地，前方下肢的承重突然增加。回收後方下肢的準備期。
第四期	後方足部離地，將後方下肢往前方下肢靠近的回收期。
第五期	後方足部再次著地，重心移動結束，恢復靜止站立姿勢。

第一期　第一雙腳站立期
第二期　第一單腳站立期
第三期　第二雙腳站立期
第四期　第二單腳站立期
第五期　第三雙腳站立期

前方足部離地　　　　　後方足部離地

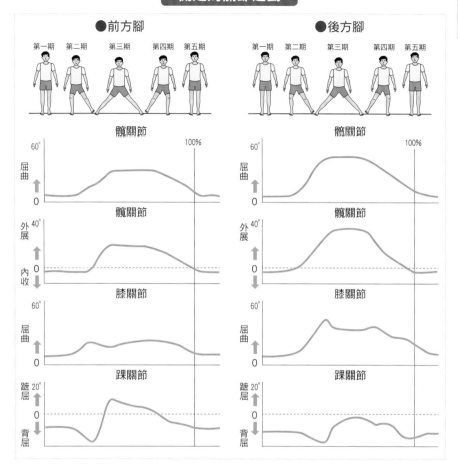

側走的關節運動

●前方腳

第一期　第二期　第三期　第四期　第五期

髖關節

●後方腳

第一期　第二期　第三期　第四期　第五期

髖關節

長，前方髖關節和後方髖關節的屈曲角度會隨之加大。而峰值出現的時間也會隨距離的增加而不同，前方髖關節部分會延後，後方髖關節部分則會提早。除此之外，髖關節外展角度也一樣，距離愈長，前方、後方髖關節的外展角度都會變大。

在膝關節方面，當一個週期的移動距離變長時，**屈曲角度的變化會從單峰變成雙峰波形**。除此之外，前方膝關節出現峰值的時間點會延後，後方膝關節出現峰值的時間會提早。

在踝關節方面，當一個週期的移動距離變長時，前方踝關節在第二期至第三期之間的蹠屈角度會變大；而後方踝關節在第二期的時候背屈角度會變大。

側走時的肌肉活動

▶ 一個週期的距離愈長，重心軌跡會通過愈低的位置

一個週期的距離愈長，重心的上下運動愈大

　　一個側走週期的距離愈長，重心的上下運動就愈大。將重心移動軌跡以曲線圖表示的話，會呈現 **U字型**，距離愈長，重心軌跡會通過愈低的位置。

　　關於側走時的肌肉活動，在第一期，後方下肢的**臀大肌**、**臀中肌**、**脛骨前肌**的活動力比較高，前方下肢則是脛骨前肌的活動力比較旺盛。

　　第二期以後，當移動距離變長時，後方下肢的**股外側肌**、**比目魚肌**的活動量會增加，而前方下肢的**臀大肌**與**臀中肌**的活動力也會愈加顯著。第三期至第四期，前方下肢的**股二頭肌**與**股外側肌**的活動力會提高。

額切面上的重心軌跡

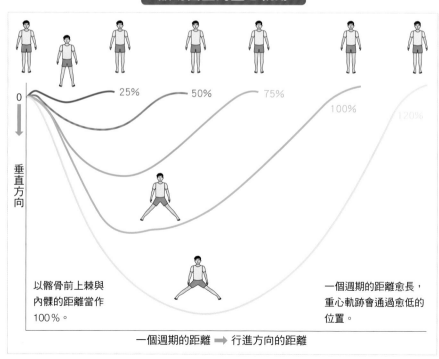

25%　50%　75%　100%　120%

0

垂直方向

以髂骨前上棘與內髁的距離當作100％。

一個週期的距離愈長，重心軌跡會通過愈低的位置。

一個週期的距離 ➡ 行進方向的距離

側走時的肌肉活動

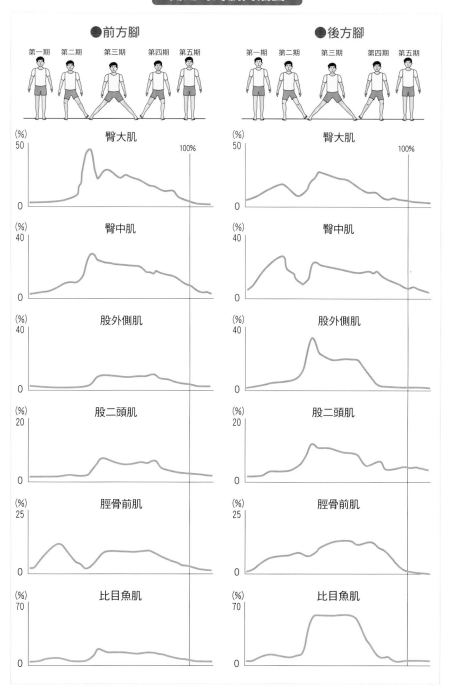

●前方腳

第一期　第二期　第三期　第四期　第五期

臀大肌

臀中肌

股外側肌

股二頭肌

脛骨前肌

比目魚肌

●後方腳

第一期　第二期　第三期　第四期　第五期

臀大肌

臀中肌

股外側肌

股二頭肌

脛骨前肌

比目魚肌

動作分期與特徵

> 日常生活中的跌倒常發生在跨越動作中

跨越動作可細分為五期

　　跨越動作包含洗澡時跨越浴缸的動作，但這裡要探討的是「**行走中為避免絆倒而舉腳越過障礙物的動作**」。換言之，跨越動作是「**為了不被障礙物絆倒而抵抗重力舉起下肢，確保下肢與障礙物之間一定間隔的動作**」。

　　日常生活中的跌倒，其實絕大多數並非發生在高危險性的動作中，而是發生在**高低差的跨越動作與路況奇差的路面行走中**。因此，分解跨越動作，確實瞭解跨越動作的每個步驟是一件非常重要的事，然而或許是因為設定條件的規則較為複雜困難，截至目前為止並沒有太多關於跨越動作的研究。

跨越動作的分期（第一期～第五期）

●第一期～第二期

第一期～第二期	指的是對象腳跟著地至對側腳跟著地的這段期間。前半段為第一期，後半段為第二期，前導腳跨越障礙物的期間。

第一～第二期

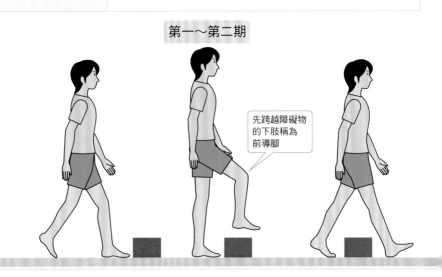

先跨越障礙物的下肢稱為前導腳

在跨越動作中，先行跨越障礙物的下肢稱為前導腳（**leading limb**），隨後再跟著跨越障礙物的下肢則稱為跟隨腳（**trailing limb**）。跨越動作可以**細分成五期**。

跨越動作首重將絆倒的危險性最小化

在跨越動作中，障礙物與腳尖之間的距離稱為障礙物間隔，就算障礙物的高度有所變化，這個距離與前導腳、跟隨腳都不會改變。

曾經有學者進行一項實驗，利用電腦模擬算出跨越動作中最不消耗能量的障礙物間隔，然後將這個電腦算出來的理論值與實測值進行比較。結果發現實測值比理論值高出10～15倍，而且無論障礙物是高是低，障礙間隔都沒有改變。

亦即在跨越動作中，**比起講求能量效率，更重要的是將絆倒的危險性降至最低**。

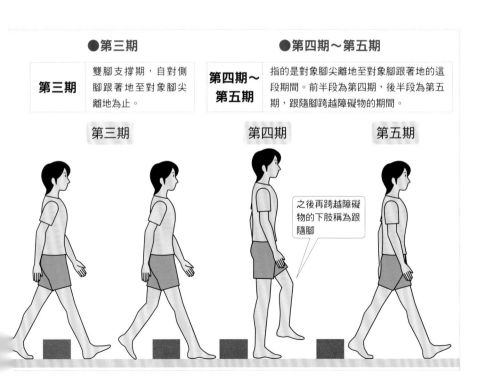

	●第三期		●第四期～第五期	
第三期	雙腳支撐期，自對側腳跟著地至對象腳尖離地為止。	第四期～第五期	指的是對象腳尖離地至對象腳跟著地的這段期間。前半段為第四期，後半段為第五期，跟隨腳跨越障礙物的期間。	

第三期　　　　　第四期　　　　　第五期

之後再跨越障礙物的下肢稱為跟隨腳

跨越動作的下肢運動

> 跨越動作中的障礙物間隔是一段不小的距離

視覺情報對跨越動作影響甚鉅

跨越動作中的障礙物間隔不會因障礙物的高低而有所不同，**與行走時的足尖最小高度（→P108）相比，障礙物間隔還大了許多**。根據實驗結果顯示，當障礙物的高度從6.7公分至26.8公分，平均障礙物間隔的距離會是10～12公分，與行走時的足尖最小高度1.0～1.7公分相比，足足大了有10倍之多。從這個研究結果可以看出，比起行走時講求高能量效率的移動模式，**跨越動作優先考慮安全問題**。

安全的障礙物間隔是為了確保**擺盪下肢的髖關節與膝關節可以充分屈曲**，以及**踝關節可以背屈**。

具體來說，障礙物愈高，**前導腳就必須增加大腿上提的幅度**，而跟隨腳也必須**增加小腿與足部的上提幅度**來因應。前導腳擺盪出去時，為了越過障礙物，必須

跨越動作中的關節運動

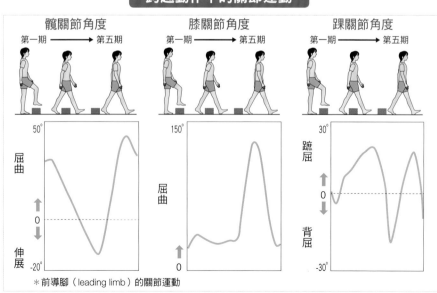

* 前導腳（leading limb）的關節運動

擴大大腿上提的角度；而為了使大腿以近乎垂直的角度越過障礙物，跟隨腳也必須擴大小腿和足部的上提角度。另外，當障礙物高度不變，但長度拉長時，因水平軌道變長，障礙物間隔也會隨之變大。

前導腳與跟隨腳的障礙物間隔其實一樣大，但因為跟隨腳欠缺視覺情報，所以障礙物間隔的變動會比較大。另一方面，跨越不夠堅固的障礙物時，前導腳的障礙物間隔會變得比較大，髖關節的垂直軸高度與髖關節垂直方向的速度都會增加。這並非受到障礙物的高度和長度影響，而是因為視覺感測到障礙物不夠堅固，進而改變下肢的運動軌跡所致。亦即**視覺情報對跨越動作有極大的影響**。

至於跨越動作的地面反作用力，**當障礙物的高度愈高，前導腳的垂直、前後方向的地面反作用力會跟著變大**。當障礙物高度不變時，垂直方向的地面反作用力也不會隨著障礙物長度的改變而增加減少。

在擺盪下肢的肌肉活動方面，**股二頭肌**的活動力愈旺盛，就愈能控制好膝關節的屈曲；此外，障礙物愈高，股二頭肌在雙腳支撐期與擺盪初期的活動力就會隨之大增。

跨越動作的肌肉運動

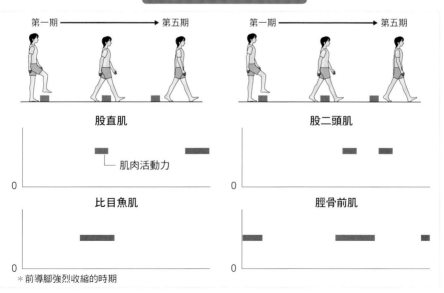

第一期 ───→ 第五期　　　第一期 ───→ 第五期

股直肌　　　　　　　　股二頭肌

└─ 肌肉活動力

比目魚肌　　　　　　　脛骨前肌

＊前導腳強烈收縮的時期

腰部的負荷

提舉動作中，腰部承載壓縮力與張力等負荷

壓縮力與剪力會依載重而有所不同

　　提舉重物的動作會使腰椎、椎間盤承受非常大的壓縮力、張力和剪力，所以這個動作是引發腰痛的主要原因之一。**壓縮力是垂直施加於椎體與椎間盤兩個平面的壓力；張力則與壓縮力相反，是拉離椎體與椎間盤的拉力；剪力則是平行於椎體與椎間盤兩個平面的作用力**。在坐位與站立位下，重力與軟部組織的緊繃會在椎體與椎間盤上形成壓縮力與剪力。腰椎本身有生理性前突的特性，當前側剪力將椎骨向前推時，為了抵抗這股力量，壓縮力就會作用在椎間關節上。

　　壓縮力和剪力會因載重和腰部運動而有所不同。因軀幹前傾和腰椎伸展使得腰椎前突增強時，椎體上方會向下傾斜，而椎體會順勢向下滑，這時前側剪力就會變大。在提舉動作中，將重物上提至身體前方時，軀幹會向前傾斜，也因為物體的重量而使身體重心向前方移動，所以前側剪力會跟著變大。

腰部承受壓縮力、張力、剪力

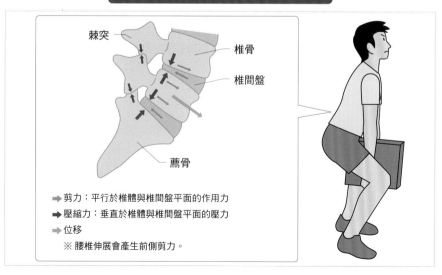

棘突
椎骨
椎間盤
薦骨

➡ 剪力：平行於椎體與椎間盤平面的作用力
➡ 壓縮：垂直於椎體與椎間盤平面的壓力
➡ 位移
　※ 腰椎伸展會產生前側剪力。

提舉動作中的作用力

MF（mascle force）
➡伸肌的肌力

RF（compressive reaction force）
➡施加於第二腰椎（L2）上的壓應力

BW（body weight）
➡第二腰椎（L2）以上的重量

EL（external load）
➡外部負載

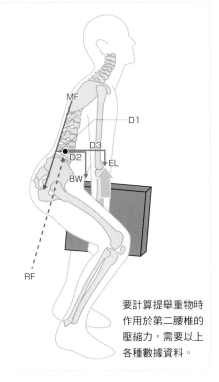

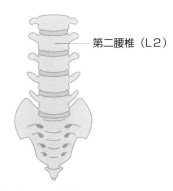

第二腰椎（L2）

要計算提舉重物時作用於第二腰椎的壓縮力，需要以上各種數據資料。

腰部承受的負荷高於估算的數值

　　提舉動作所需的背肌力與作用於腰椎上的壓縮力，可透過數學模型計算出來。計算壓縮力時需要以下各種數據資料，**上半身的重量、物體的重量、支點到背肌的距離、支點到重物重心線的距離**等等。

　　以這些數據去計算可推算出一個體重約80公斤的人要舉起20公斤左右的重物時，必須要產生250公斤的背肌力才足夠。另外，還可以算出第二腰椎所承受的壓縮力大概落在330公斤左右。然而，這樣的推算方式並未將**腹直肌、腰大肌**等背肌以外的肌群作用於腰椎的力量也加進去。也就是說這樣的計算方式所得的結果是靜止狀態下的估算值，實際的提舉動作還必須加上身體與重物向上加速時所需的力量。

　　因此，現實生活中的提舉動作，腰部所承受的負荷遠高於利用數學模式所估算出來的數值。

安全的提舉動作

減輕腰椎上的壓縮力，重點在於減少背肌力

減少背肌負荷的四個方法

提舉動作是最常引發腰痛的動作之一，美國甚至因為提舉搬運重物的動作會造成腰部過度負荷而特地制定保護措施標準來保護勞動工作者。**要減輕腰椎上的壓縮力，重點就在於減少背肌力**，但支點到背肌的距離遠小於支點到物體重心線的距離，就槓桿原理來說，這對伸肌十分不利，要舉起重物，勢必得使出比重物重量更大的力量才行。

因此，若要減輕提舉動作中背肌的負荷，可以試著從以下四種方法著手。

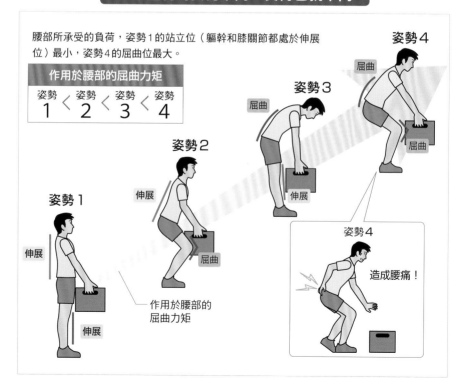

● 減少背肌負荷的方法

1 降低提舉動作的速度。

   背肌力隨減速而減少。

2 減輕重物的重量。 ＊不太可能常做到這一點。

3 縮短支點到物體重心線的距離。

   這是現實中最有可能實現的方法。具體的方法就是將重物從雙膝間往上提舉。
   同樣重量的重物，若提舉時離軀幹太遠的話，會有產生過大壓縮力的危險。

4 增加支點到背肌的距離

   理論上，增加支點到背肌的距離，能夠以較小的背肌力提舉重物。具體的方法
   是加大腰椎的前突以增加支點到背肌的距離。但是，要一直增加腰椎的前突並
   不容易，而且過度的腰椎前突也並非好事。

相關知識　**提舉動作與腹內壓**

有人說憋氣且收縮腹肌可以提高腹內壓，進而減輕對腰椎的負擔，但有些研究否定了這項說
法。

強而有力的腹肌收縮確實可以穩定腰椎骨盆，抑制非對稱外部負載的提舉動作所造成的多餘的
旋轉。換言之，進行提舉動作時，強烈收縮腹肌的話，可以產生類似馬甲的效果，穩穩固定腰
椎。因此提舉重物時，最好要有意識的加強腹肌的收縮。

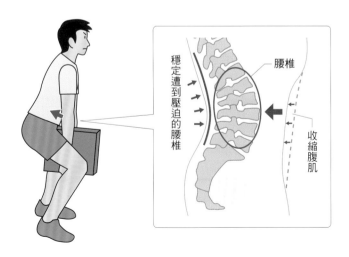

穩定遭到壓迫的腰椎　腰椎　收縮腹肌

前屈式動作與蹲踞式動作

> 這兩種方式的提舉動作中，蹲踞式提舉動作比較安全

安全的提舉動作是蹲踞式動作

前屈式提舉動作與蹲踞式提舉動作是兩種截然不同的提舉動作，只要瞭解各自的優缺點，就能夠擁有最安全的提舉動作。首先，前屈式提舉動作**不太屈曲膝關節**，但必須**大幅度屈曲、伸展腰椎**。相對於此，蹲踞式提舉動作則不太移動腰椎，盡量讓腰椎維持在中間位置，但必須深度屈曲膝關節、髖關節，以及**藉由髖關節伸肌與股四頭肌的力量再次伸展膝關節、髖關節**。

前屈式提舉動作中，作為支點的腰椎與物體重心線之間的距離較長，所以需要腰部、軀幹的背肌發揮強大的伸肌肌力。也因此這種方式的提舉動作會在椎間盤產生較大的壓縮力與剪力。至於蹲踞式提舉動作，因為可以很自然的將物體置於雙膝之間，所以作為支點的腰椎至物體重心線的距離也就隨之縮短許多。相較於

兩種方式的提舉動作

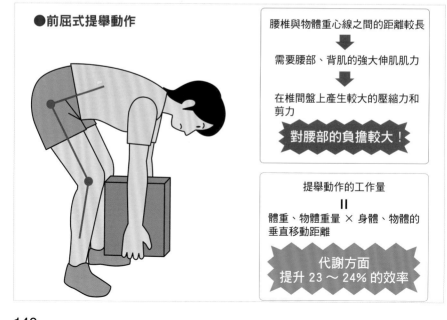

●前屈式提舉動作

腰椎與物體重心線之間的距離較長

⬇

需要腰部、背肌的強大伸肌肌力

⬇

在椎間盤上產生較大的壓縮力和剪力

對腰部的負擔較大！

提舉動作的工作量

=

體重、物體重量 × 身體、物體的垂直移動距離

代謝方面
提升 23 ～ 24% 的效率

前屈式提舉動作，蹲踞式提舉動作所需的伸肌肌力會比較小。

由此可知，**蹲踞式提舉動作是比較安全的提舉動作。**

蹲踞式提舉動作對膝關節的負荷較大

除了對腰部的負荷外，蹲踞式提舉動作必須深度屈曲膝關節，所以需要**強勁的股四頭肌肌力**。這股肌力會在脛股關節和髕股關節上產生壓縮力，若是健全的膝蓋，就不會有太大的問題，但如果是膝關節有問題的人，可能就不適合蹲踞式提舉動作。

另外，從消耗能量這方面來看，提舉動作的工作量等於體重、物體重量與身體、物體垂直移動距離的乘積。相較於前屈式提舉動作，蹲踞式提舉動作需要動用身體大部分的肢段，因此**從代謝方面來看，前屈式提舉動作會提升23～34％的效率**。

這兩種提舉動作截然不同，任何一種都各有優缺點，所以務必理解各自的優缺點，選擇最適合自己的一種。

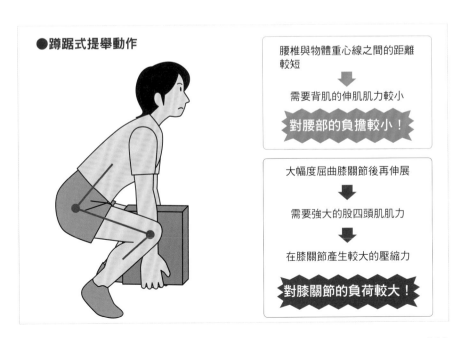

●蹲踞式提舉動作

腰椎與物體重心線之間的距離較短
⬇
需要背肌的伸肌肌力較小
對腰部的負擔較小！

大幅度屈曲膝關節後再伸展
⬇
需要強大的股四頭肌肌力
⬇
在膝關節產生較大的壓縮力
對膝關節的負荷較大！

伸展運動

　　柔軟度是指「關節（或關節群）運動的可動範圍」，亦即關節的最大可動範圍。然而關節附近有許多組織，如關節囊、肌肉、肌膜、肌腱、皮膚等都會限制關節運動。伸展運動就是要伸展這些以肌肉為主的關節附近的組織。

　　伸展運動的主要目的如下，但截至目前為止，能夠證明伸展運動成效的科學根據並不是非常充分。

●提升柔軟度…對於受傷後，關節活動受限者，以重新獲得生理可動範圍為目的；或者為了某種競賽運動，以獲得超越生理可動範圍為目的。

●預防傷害…因某種競賽運動造成常用的肌肉容易受傷，因此以預防運動傷害為目的進行伸展運動。

●提升性能…以促使神經－肌肉結構的運作更加順暢、更加迅速，並且提升性能為目的。

●消除疲勞…運動過後，以消除疲勞為目的。

　　伸展運動可分為「動態伸展（ballistic stretching）」：透過持續伸展，運用反作用力順勢拉長肌肉，以及「靜態伸展（static stretching）」：溫和緩慢的伸長肌肉，保持一段時間。通常伸展運動多半是指後者「靜態伸展」。除此之外，還有「PNF伸展術」，這是利用刺激本體受器，誘發神經肌肉的技巧PNF（本體感覺神經肌肉誘發術，proprioceptive neuromuscular facilitation）概念的伸展運動。

第**3**章

運動別
肌肉・關節的
運作與結構

跑步的定義

跑步時雙腳支撐期消失，以雙腳擺盪期取代

跑步與行走的不同

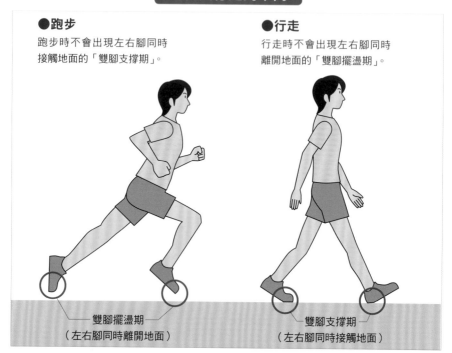

●跑步

跑步時不會出現左右腳同時
接觸地面的「雙腳支撐期」。

●行走

行走時不會出現左右腳同時
離開地面的「雙腳擺盪期」。

雙腳擺盪期
（左右腳同時離開地面）

雙腳支撐期
（左右腳同時接觸地面）

雙腳支撐期消失，取而代之的是雙腳擺盪期

　　跑步與行走最大的不同是左右腳同時接觸地面的**雙腳支撐期消失**了，取而代之的是左右腳會**同時**離開地面的**雙腳擺盪期**。

　　關於踝關節在矢狀切面上的運動，相較於**行走時是接觸地面後進行蹠屈，跑步時則是進行背屈**以吸收衝擊力。至於髖關節和膝關節在矢狀切面上的運動則大致都與行走時的運動模式相同。

　　另一方面，跑步時雙腳與地面的接觸模式會依跑步速度的快慢而有所不同。速度快的話，很可能在前足部著地後，腳跟還沒著地的狀態下就又向前跨步。然而，像是長距離的慢跑，腳跟會著地，甚至整個足底都會著地。

跑步週期

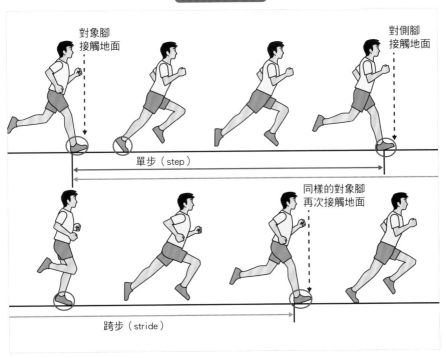

對象腳
接觸地面

對側腳
接觸地面

單步（step）

同樣的對象腳
再次接觸地面

跨步（stride）

運動學領域的跑步用語定義 與運動學領域的行走用語定義相同	單步（step）	從對象腳著地到對側腳著地。
	跨步（stride）	從對象腳著地到該側腳再次著地。
	跨步長（步幅）	跨步的距離。
	步頻	跨步時間的頻率。
	跑步速度	跨步長與步頻的乘積。
競賽運動領域的跑步用語定義	跨步	一步的距離（單步的距離）。
	步頻	單位時間內的步數。
	支撐期	足部接觸地面的時期。
	推蹬期	足部離開地面的時期。
	騰空期	雙腳都離開地面的時期。

跑步時的關節運動與肌肉活動

利用下半身的肌肉活動來屈曲、伸展髖關節、膝關節和踝關節。

跑步時的關節運動

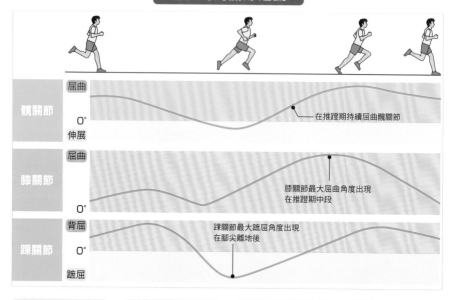

髖關節	屈曲 0° 伸展	在推蹬期持續屈曲髖關節
膝關節	屈曲 0°	膝關節最大屈曲角度出現 在推蹬期中段
踝關節	背屈 0° 蹠屈	踝關節最大蹠屈角度出現 在腳尖離地後

支撐期
從對象腳的前足部著地開始,到腳跟放下,整個足底著地。

著地腳向後推,雙腳離開地面的**騰空期**。

推蹬期
髖關節、膝關節屈曲,後方足部提高。

髖關節持續屈曲,膝關節最大屈曲,位於軀幹前方,使腳跟可以接近臀部。

膝關節伸展,讓同側腳著地。

＊這段期間,上肢的動作與下肢相反,骨盆的旋轉運動也較行走時來得大。

足部著地後向外翻,伴隨足部向外翻的動作,小腿內轉、膝關節外翻,踝關節在**支撐中期**處於最大背屈位。

腳尖開始離地時,足部向內翻,伴隨足部向內翻的動作,小腿外轉、膝關節內翻,踝關節在足尖離地後處於最大蹠屈位。

跑步時的肌肉活動

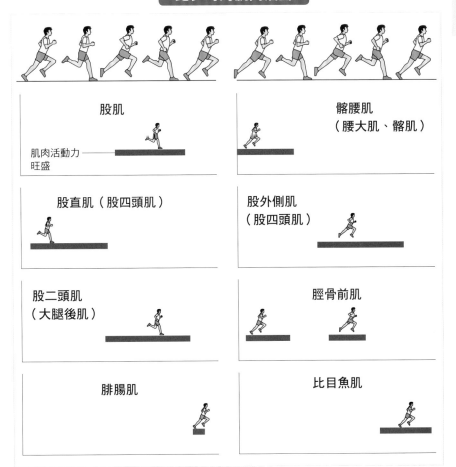

股肌

肌肉活動力
旺盛

髂腰肌
（腰大肌、髂肌）

股直肌（股四頭肌）

股外側肌
（股四頭肌）

股二頭肌
（大腿後肌）

脛骨前肌

腓腸肌

比目魚肌

臀大肌 大腿後肌	活動期是推蹬期的最後至支撐期的初期，負責著地前的減速。
股四頭肌	行走時，股四頭肌活躍於擺盪期結束後，但跑步時，則提早於推蹬期的中段，負責伸展膝關節。
小腿三頭肌 （由腓腸肌和比目魚肌組成，有三個頭，俗稱小腿肚）	行走時不具吸收衝擊力的功用，但跑步時會在支撐期進行離心收縮（→P90）以牽制踝關節的背屈；並且在支撐期後半進行向心收縮（→P90）讓踝關節蹠屈以提供推進（→P106）的力量。

短跑時的關節運動

在短距離跑步中，以髖關節為中心的下肢擺動非常重要

步頻 ✕ 跨步長為跑步速度

跑步速度等於**步頻與跨步長的乘積**。

隨著小孩的年紀增長，當他們長大成人時，跑步速度會愈來愈快，比起步頻增加，跑步速度之所以變快，最大原因是跨步長的距離變長。但跨步長隨身高增長而增加的情況只到6歲而已，之後就會維持不變。**決定跑步速度的跨步長之增加與身高的增加有關。**

髖關節在短跑中佔有一席之地

快跑時，全身上下的關節中，最重要的就是**髖關節**。

踝關節於足部接觸地面時運作，但在推蹬期中就可以稍作休息。至於**膝關節**，在推蹬期最後至支撐初期的這段期間，大腿後肌會作用於膝關節，發揮屈曲力矩的功用，但連動小腿時，屈曲力矩則幾乎沒有派上用場。

短跑的步態分析

右腳：推蹬期（離地）
左腳：支撐期（著地）

騰空期（雙腳離地）

左腳：髖關節運動

右腳：大腿後肌活動

踝關節運動

再說到**髖關節**，要將下肢從後方擺動至前方時需要用到關鍵的髖關節，藉由髖關節的屈曲讓放鬆的膝關節彎曲以帶動小腿。這時候，**比起提高大腿，更重要的是加快速度**。一般人都認為跑得快的選手大腿都提得很高（髖關節的屈曲角度大），但其實這是錯誤的觀念。根據研究結果，跑步速度與大腿上提角度（髖關節屈曲角度）、跑步速度與小腿拉提角度（**膝關節屈曲角度**）其實並沒有什麼顯著的關連。

支撐期的時候，膝關節幾乎沒有屈曲，下肢如同棒子一樣從前方向後擺動（**髖關節的伸展**）。也就是說，像短跑這種要加快速度的跑步，最重要的關鍵是以**髖關節為中心的下肢擺動**。

快跑速度與大腿上提角度、拉提角度之間的關係

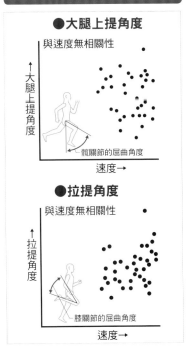

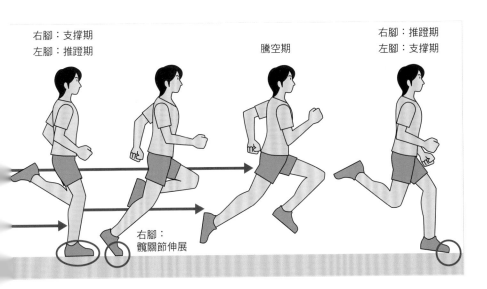

跑步的運動力學

隨速度改變的甩臂動作與轉動慣量有關

轉動慣量愈小，角加速度愈大

　　行走或跑步時，人體移動的力量皆來自於**地面給我們人體的反作用力（地面反作用力）**。隨著跑步速度加快，支撐期的時間會縮短。在前後方向的地面反作用力方面，在支撐期前半，與跑步方向相反的地面反作用力會形成一股向後的煞車力量，但之後就會轉變成大**衝量**（→P104）的向前方的地面反作用力。在垂直方向的地面反作用力方面，跑速快的話，足部著地後會形成一股很大的地面反作用力（著地時的衝擊）；但跑速慢的話，不會有如同跑速快的高峰值，而且持續時間會延長。速度最快的那段期間，垂直方向的地面反作用力甚至可以高達體重的4～5倍。

　　另外，關於跑步時髖關節、膝關節、踝關節的旋轉運動，當轉動慣量愈小，就愈能有較大的旋轉角加速度；相反的，當轉動慣量愈大時，要有較大的角加速度會比較困難。在推蹬期，維持膝關節伸展狀態下要將下肢從後方擺動到前方的話，轉動慣量會變大，向前方擺動的速度就會變慢。因此，**要藉由屈曲膝關節以減少轉動慣量**。

用語解說

● **運動力學**
運動力學是力學的一門分支，專門分析力是如何造成運動，以及如何使運動發生改變。

● **轉動慣量**
又稱慣性矩，指的是一個物體對於旋轉運動的慣性。物體離轉軸距離愈遠，轉動慣量愈大。

● **角動量守恆定律**
角動量是表示物體旋轉運動的物理量，而角動量守恆定律是指就算沒有外力矩的影響，角動量也會保持一定值的物理法則。

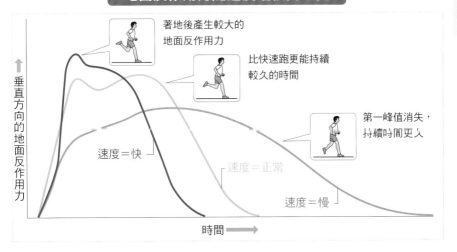

地面反作用力隨速度增快而改變

垂直方向的地面反作用力

著地後產生較大的地面反作用力

比快速跑更能持續較久的時間

第一峰值消失，持續時間更久

速度＝快

速度＝正常

速度＝慢

時間 ➡

短跑時，伸展肘關節，大幅擺動上肢

上肢的擺動會因跑步速度而有所不同。相較於馬拉松等**長距離跑要屈曲肘關節，短距離跑時最好要伸展肘關節**。持續受外力影響的跑步，在支撐期裡**角動量守恆定律**不成立，但在只有空氣阻力的推蹬期裡角動量守恆定律成立。像短距離這種快速跑，質量較大的下肢進行旋轉運動時，角動量會比較大。

推蹬期維持較大的角動量，為了防止偏離軀幹軸心，反方向的角動量勢必得跟著變大。結果就是短跑時伸展肘關節，大幅度擺動上肢。短跑選手需要有強勁的上肢，因此**上半身的肌力強化也是非常重要不可或缺的體能訓練之一**。

短跑和長跑，手臂擺動方式不同

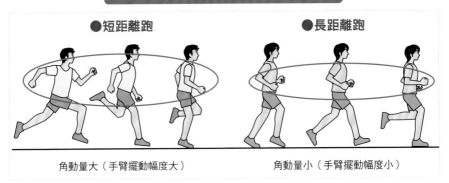

●短距離跑

●長距離跑

角動量大（手臂擺動幅度大）

角動量小（手臂擺動幅度小）

競賽跑步的步態分析

▶ 頂尖選手不適用屈曲膝關節這個原理

快跑速度愈快的選手，小腿屈收的高度愈小

　　針對曾經參加世界田徑大賽的選手進行分析研究。根據研究報告，男子100公尺短跑最快時速，外國頂尖選手是時速約42.5公里、日本選手是時速約41.4公里；女子組方面，外國頂尖選手是時速約37.5公里，日本選手是時速約34.1公里。雖然跨步長與跑步速度兩者之間沒有顯著的相關，但**快跑速度愈快，步頻就愈有升高的傾向**。

　　推蹬期大腿上提角度（髖關節屈曲角度）與快跑速度之間沒有顯著的相關性，就如先前所解說的一般。但快跑速度愈快，小腿拉提角度就愈大（膝關節屈曲角度小），外國選手拉提的角度比日本人更大。**快跑速度愈快的選手，小腿屈收的高度愈小**。如先前所解說的「藉由屈曲膝關節以減少轉動慣量」這個原理並不適用在頂尖的選手身上。

　　除此之外，根據研究報告顯示，在支撐期的時候，著地瞬間的髖關節、膝關節、踝關節的角度與快跑速度之間也都沒有顯著的相關性，但**離地瞬間，快跑速度愈快，髖關節的伸展角度明顯變小、膝關節的屈曲角度明顯變大，而踝關節的蹠屈角度則是明顯變小**。

　　至於400公尺競賽中，跨步長、步頻與快跑速度之間有顯著的相關，其中跨步長更與快跑速度息息相關。另一方面，透過運動力學的分析，400公尺競賽的分析結果也不同於100公尺短跑。

　　由此可見，即便同樣都是跑步競賽，但無論在策略或技巧方面都截然不同。

用語解說　　**運動力學**

運動力學是力學的一門分支，完全不考慮物體質量和作用力，以幾何分析方法（運動量、能量、角動量守恆等）來探討物體運動的學問。

100公尺短跑中著地與離地的各關節角度

著地時的下肢關節與速度無關，但離地時則與速度有些許關連。

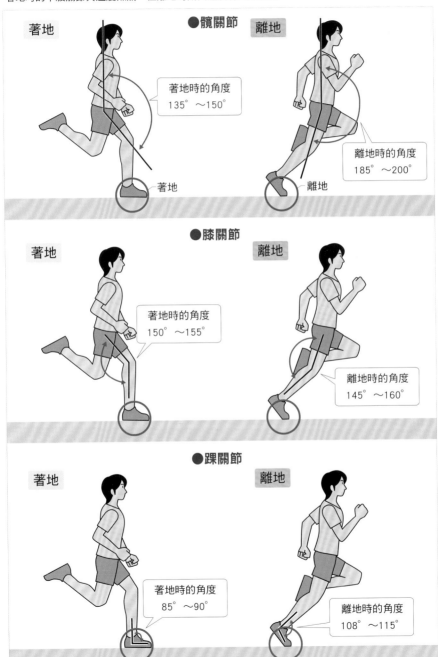

著地

●髖關節　離地

著地時的角度
135°～150°

著地

離地時的角度
185°～200°

離地

●膝關節

著地　離地

著地時的角度
150°～155°

離地時的角度
145°～160°

●踝關節

著地　離地

著地時的角度
85°～90°

離地時的角度
108°～115°

153

動作種類與垂直跳躍

> 要跳得高，需要蹲踞與甩臂動作

跳躍動作的種類

跳躍動作可分為跳高、撐竿跳等**比賽跳得高的跳躍**；跳遠、三級跳、跳台滑雪等**比賽跳得遠的跳躍**；另外還有花式滑冰、跳水、體操等**比賽技巧的跳躍**等等。除了這樣的分類之外，亦可以依目的、有無助跑、方向來分類。

垂直跳躍中的蹲踞動作

垂直跳躍是最基本的跳躍動作，但與行走、跑步等自然運動不同，可以說是**為了測量或實驗的跳躍動作**。一般而言，想要跳得高，自然而然會在跳躍前深度屈曲下肢關節，進行**蹲踞動作**。為了跳得更高，需要增強蹬地起跳時來自地面的反作用力。蹬地起跳前的蹲踞動作雖然會暫時使反作用力減少，但藉由伸展下肢，會得到比直接由蹲踞姿勢起跳時更大的反作用力。蹲踞時的膝關節屈曲角度會大幅影響跳躍的高度，**60度左右的屈曲角度**最能夠使跳躍的高度達到最大值。

假設靜止站立時的身體重心高度為H0，蹲踞時的身體重心高度為H1，離地時

垂直跳躍

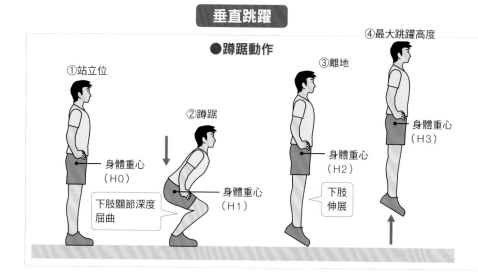

●蹲踞動作

①站立位

②蹲踞

③離地

④最大跳躍高度

身體重心（H0）

下肢關節深度屈曲

身體重心（H1）

身體重心（H2）

下肢伸展

身體重心（H3）

的身體重心高度為 H2，最大跳躍高度時的身體重心高度為 H3，離地的時候因為踮腳尖，所以身體重心高度會位在比靜止站立時的 H0 還要高的 H2。跳躍高度（H3-H0）中 H2-H0 主要取決於身高，身高對整體跳躍高度的貢獻大約佔了 25～30％；對離地後的跳躍高度（H3-H2）則有 70～75％左右的貢獻。而整體的跳躍高度則取決於**起跳時的初速度**。

垂直跳躍中的甩臂動作

想要跳得高，除了蹲踞動作之外，我們通常會自然的加上甩動上肢的動作。這個動作稱為**甩臂動作**，亦即在蹬地起跳前，伸展下肢的同時將雙臂從軀幹後方向前向上甩的動作。

進行甩臂動作時，如同蹲踞動作一樣會暫時先使反作用力減少，之後再大幅度增加，但如果上肢重量較輕，就無法得到較大的反作用力。有鑑於此，我們通常**會利用提高甩臂動作的速度所產生的離心力**來獲得較大的反作用力。

具體而言就是利用上肢從後方甩至下方所產生的離心力來增大起跳動作的反作用力。

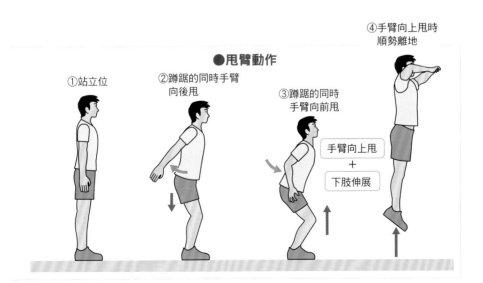

④手臂向上甩時順勢離地

●甩臂動作

①站立位　②蹲踞的同時手臂向後甩　③蹲踞的同時手臂向前甩

手臂向上甩 ＋ 下肢伸展

垂直跳躍的運動力學

蹲踞動作與甩臂動作加大地面反作用力的衝量

垂直跳躍動作中，靜止站立時重力與地面反作用力相抵銷（體重）。跳躍前進行蹲踞時，地面反作用力會變小，畫出來的**曲線會向下凸**（右圖「地面反作用力」a～b），然後速度變成0（右圖「速度」c）。這個瞬間也是重心位於最低點的時候（右圖「移位」c）。之後重心往上方移動，身體離地（右圖「移位」d）。這時候若進行甩臂動作，圖形多半會變成**雙峰波形**（一個循環中有兩個波峰的波形）。

垂直跳躍的高度取決於起跳時的初速度，但**決定初速度的主要因素是地面反作用力的衝量**（→P104）。要增大衝量，就要進行蹲踞動作和甩臂動作。據說地面反作用力的峰值可以高達體重的2.7倍。

跳躍動作與肌腱的彈性能

關於肌肉活動，在蹲踞動作中下肢肌肉有非常旺盛的活動力，但往上移動後不會有肌電活動。低強度次最大（Submaximal）的跳躍動作中，當肌肉收縮速度加快時，原本該有的肌電活動會在重心上升時消失。這就意味跳躍動作中**有其他不同於肌肉收縮的能量機制存在**。

具體而言就是肌腱。**肌腱擁有如彈簧般的特性，而跳躍動作利用的就是肌腱的彈性能**。因蹲踞動作和甩臂動作而拉長的肌腱會將運動能量以彈性能的方式蓄積起來，然後再透過收縮釋放出來。

據說以跳躍為移動方式的袋鼠，能量效率非常高。袋鼠後腳的肌肉很少，卻有很長的阿基里斯腱，連續跳躍時伸長的阿基里斯腱會蓄積許多彈性能，袋鼠就是利用這些彈性能持續不斷的跳躍。

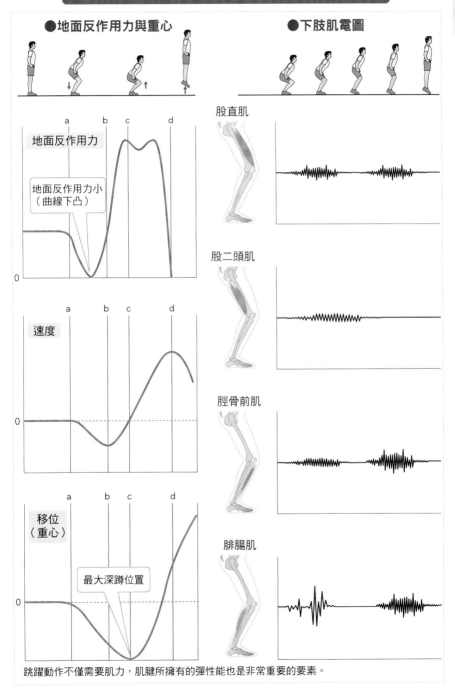

垂直跳躍的地面反作用力、重心及下肢肌電圖

●地面反作用力與重心

●下肢肌電圖

a b c d

地面反作用力

地面反作用力小
（曲線下凸）

0

a b c d

速度

0

a b c d

移位
（重心）

最大深蹲位置

0

股直肌

股二頭肌

脛骨前肌

腓腸肌

跳躍動作不僅需要肌力，肌腱所擁有的彈性能也是非常重要的要素。

跳遠的動作分析

跳躍距離由起跳距離、空中距離和著地距離三部分構成

跳遠的快跑速度

　　跳遠是一種比賽跳躍距離的競賽。跳躍距離由**起跳距離、空中距離**和**著地距離**三部分構成，其中**空中距離約佔了90％**。

　　根據一份研究頂尖跳遠選手的分析報告，跳躍距離與空中距離之間有顯著的相關性，但與起跳距離或著地距離則沒有。亦即，**想增加跳躍距離的話，就必須想辦法增加空中距離**。

　　跳遠的快跑速度會在蹬地起跳的2～3步前達到最大速度，外國男子選手的時速甚至可高達39公里以上。

　　跳遠除了要有**水平方向的速度**，還必須有**向上的速度**。一般來說，蹬地起跳的2步前，身體重心會下降，向下的速度向量會在蹬地起跳後改為向上。因此蹬地起跳時雖然會有減速的情況，但跳躍距離與蹬地起跳時的水平速度、離地時的水平速度有非常密切的關係。

構成跳遠距離的要素

跳躍距離

空中距離（約佔全體的90％）

離地距離

著地距離

增加空中距離
＝
增加跳躍距離

準備蹬地起跳的身體重心高度變化

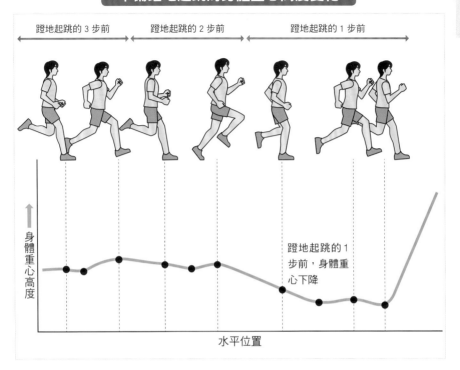

蹬地起跳的 3 步前　　蹬地起跳的 2 步前　　蹬地起跳的 1 步前

身體重心高度

蹬地起跳的 1
步前，身體重
心下降

水平位置

蹬地起跳時的地面反作用力

蹬地起跳時的地面反作用力，垂直方向的地面反作用力會在身體著地時出現第一峰值，隨後緊接著又有第二峰值。

身體因起跳腳受到的地面反作用力而產生旋轉運動。一般而言，身體會因反作用力而產生旋轉運動，但在空中除了重力外就只有空氣阻力，因此選手**若要維持一定的姿勢，延長在空中的時間，就必須學習讓上肢、下肢進行向前旋轉的技巧**。

跳遠的地面反作用力 (垂直方向)

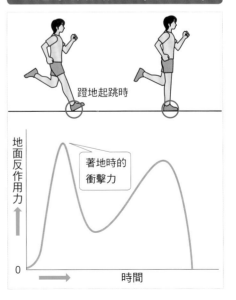

蹬地起跳時

地面反作用力

著地時的
衝擊力

0　　　　　　　　時間

轉換方向動作的分析

▶ 轉換方向動作容易導致膝關節、踝關節受傷

分為側步動作與交叉動作兩種

在各種競賽運動中，**轉換方向動作**是一種非常容易引發膝關節或踝關節傷害的動作。

轉換方向動作可分為往軸心腳相反方向移動的**側步動作**，以及往軸心腳同方向移動的**交叉動作**兩種。

區分為減速準備期、轉換方向期及離地期三期

轉換方向動作可分為**減速準備期**（preliminary deceleration phase）、**轉換方向期**（plant and cut phase）和**離地期**（takeoff phase）三期。

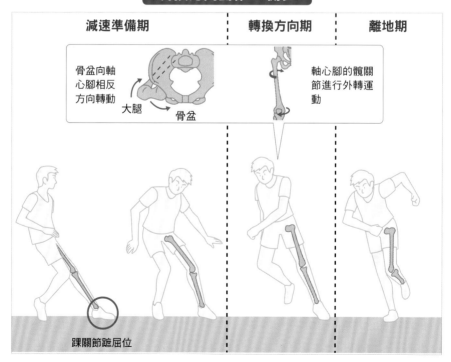

轉換方向動作・側步

| 減速準備期 | 轉換方向期 | 離地期 |

骨盆向軸心腳相反方向轉動

大腿　骨盆

軸心腳的髖關節進行外轉運動

踝關節蹠屈位

在減速準備期期間，無論哪一種轉換方向動作，踝關節在足跟著地後都會呈蹠屈位，接下來膝關節屈曲，而踝關節則轉為背屈。這時候，身體重心會位在後方。

在側步動作的轉換方向期期間，軀幹和骨盆會進行與軸心腳反方向的旋轉運動，所以軸心腳的髖關節會向外轉動，然後髖關節、膝關節、踝關節進行伸展運動。

另一方面，在交叉動作的轉換方向期期間，軀幹和骨盆會進行與軸心腳同方向的旋轉運動，所以軸心腳的髖關節會向內轉動。當內轉運動結束時，非軸心腳會進入跑步動作中的推蹬期（離地期），改變方向後加快運動速度。轉換方向動作的離地期會比起跑步動作的離地期更加大屈曲軀幹的角度且加速運動。

側步動作會在膝關節內側產生牽引力；而交叉動作則會在膝關節外側產生牽引力。在側步動作的轉換方向期期間，若足部固定不動，因腳尖朝外且膝關節在額切面上向內側移動的關係，**膝關節韌帶容易因此受損**。

轉換方向動作・交叉

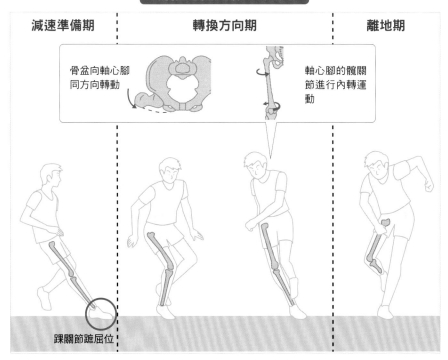

減速準備期　　轉換方向期　　離地期

骨盆向軸心腳同方向轉動

軸心腳的髖關節進行內轉運動

踝關節蹠屈位

動作的種類與演進

▶ 與投擲動作有關的運動中，沒有比賽投擲速度的項目

依競賽運動項目分類的投擲動作

投擲動作依競賽運動的目的和狀況可分為以下數種。

●投擲動作的種類

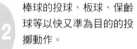

1 籃球的射門、擲飛鏢、球類遊戲中的傳接球等以準確性為目的的投擲動作。	**2** 棒球的投球、板球、保齡球等以快又準為目的的投擲動作。

3 擲標槍、推鉛球、扔飛盤等以投擲距離為目的的投擲動作。

運動項目中和投擲動作有關的競賽多半是有特定人物會接住球等投擲物，或者以是否投擲到規定的定點為比賽結果的依據，幾乎沒有單純以比較投擲物行進速度為目標的競賽。

猿猴在所有動物中算是最常作出投擲動作的一種，但牠們只會**下勾投球**，能夠作出**上肩投球**的就只有人類。人類之所以能夠作出上肩投球的投擲動作，主要是因為具備了雙足行走、直立軀幹、拇指的對掌運動、肩關節可動範圍大等條件。

用語解說　　拇指的對掌運動

對掌運動是指拇指與其他各指接觸的運動，是手指運動中的專門用語。

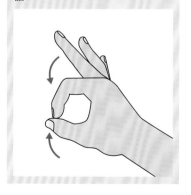

投擲動作的演進

①第一階段

只有腕關節和肘關節伸展。

②第二階段

肘關節和肩關節往上提＋身體旋轉

③第三階段

同側下肢向前踏步＋體重移動

④第四階段

對側下肢向前踏步＋身體扭轉

投擲動作隨年紀增長而逐漸演進

　　幼兒的投擲動作模式會隨年紀增長而逐漸改變，演進的過程可分為以下四個階段。

①	舉起上肢，伸展腕關節和肘關節將球投擲出去。
②	進行上述動作時，將肘關節和肩關節向後拉，旋轉軀幹將球投擲出去。
③	進行上述兩個動作時，再加上同側的下肢往前踏一步，移動身體重心將球投擲出去。
④	再加上對側腳往前踏一步，隨身體重心移動時扭轉軀幹將球投擲出去。

163

投球動作的分類

▶ 棒球的投擲動作依時間序可大致分為四期或五期

「動力鏈」的能量傳遞

投球或擲標槍等投擲動作，要盡可能將投擲物丟得愈遠愈好，而為了投得遠，必須將身體產生的動力有效傳遞至球或標槍上。

當下半身的膝關節、髖關節、軀幹，甚至是肩關節、肘關節逐漸達到速度高峰時，最末端手部的投擲速度也準備迎接高峰，這樣的運動模式最為理想。而這一連串的過程就稱為**「動力鏈」**。不僅投擲動作，拳擊運動中的揮拳、打擊動作等也都運用了**從下半身到上肢逐漸加速的動力鏈過程**。

動力鏈

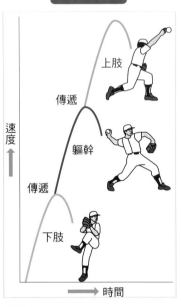

上肢

傳遞

速度

軀幹

傳遞

下肢

時間

棒球的投球動作分解

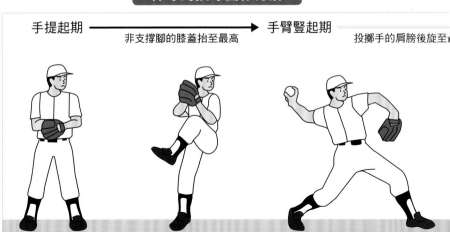

手提起期 ⟶ 手臂豎起期

非支撐腳的膝蓋抬至最高

投擲手的肩膀後旋至

棒球的投擲動作依時間序的分期

　　上肩投球的代表性投擲動作之一就是棒球的投擲動作。投擲動作是個會使用全身各肢段的動作，因此**使用方法錯誤的話就容易傷及肩膀**。尤其是棒球投手的投球數相當多，更是容易發生肩部的運動傷害。因此運動醫學也特別針對棒球的投球動作進行詳細的解析。

　　依時間先後順序可將棒球的投球動作分為四期或五期。

1 手抬起期（wind up）

　　從投球動作開始至非支撐腳（右投的話是左腳）的膝蓋抬至最高處，球依然在手套中的時期。

2 手腕豎起期（cocking）

　　延續手抬起階段，以投擲手拿球，投擲手的肩膀後旋至最大，在蹬地腳接觸地面為止的這段期間稱為**早期豎起（Early cocking）**，之後則稱為**後期豎起（late cocking）**。所以也有人將棒球的投擲動作分為五期。

3 加速期（acceleration）

　　延續手腕豎起階段，當肩關節急速內收、內轉，球離開投擲手的這段期間稱為加速期。據說美國 MLB 投手的平均加速期為 0.05 秒。

4 收尾期（follow-through）

　　球離開投擲手飛出去，投球動作結束為止的這段期間。

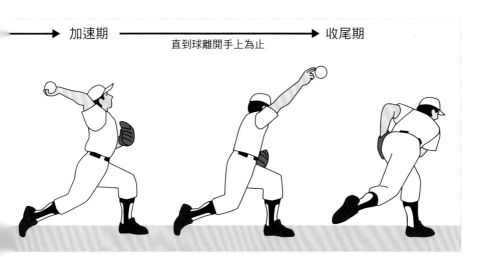

加速期 —————————— 收尾期
直到球離開手上為止

投球動作與肌肉活動

> 手腕豎起期～加速期，肌肉活動量增加

球離手之前，手部速度急遽加速

棒球的投球動作中，球離手之前的短暫時間裡，手部速度會急遽飆升。根據研究報告顯示，球離手之前，肩關節內轉角速度（旋轉速度）高達秒速5000～8000°、肘關節伸展的角速度則高達秒速2000～2500°、腕關節掌屈的角速度高達秒速2000～3000°。另外，球離手之前的0.02秒內，手部速度會從秒速20公尺飆升至29公尺。

假設球速與手部速度相同，將這樣的速度施加在150公克左右的球上，可以發揮出**大約2.2馬力**。之所以能夠發揮出這麼大的力量，是因為肌肉被動拉長，在那瞬間可以爆發很強的肌肉收縮，也就是利用**肌肉牽張－縮短循環的機制**（ stretch shortening cycle，SSC ）。

●投球各期的動作與肌肉活動

手抬起期	肩關節附近的肌肉群活動力低。
手腕豎起期	為了將肩關節後旋至最大，肩胛骨內收，肩關節外展、外轉並水平伸展（在橫切面上手肘被拉向後方），肘關節則是屈曲。當肩關節後旋至最大時，肩關節的外轉角度乍看之下有140°～150°左右，但其實還包含了胸椎伸展與肩胛骨後傾的角度在內。另外，為保持肩關節後旋至最大，棘上肌、三角肌、棘下肌和小圓肌皆會收縮。
加速期	肩胛骨上方旋轉與外展，肩關節伸展、內收和內轉，肘關節則是伸展。前鋸肌等肩胛骨附近的肌群強力收縮，負責使肩關節內收和內轉的肩胛下肌、闊背肌和胸大肌也會收縮。
收尾期	加速期的動作持續進行，但球離手後，運動會突然急遽減速。球雖然已經離手，但三角肌、肩胛下肌、棘上肌和棘下肌等肌群的收縮運動依然強烈。

從肩關節後旋至最大起的肌肉活動

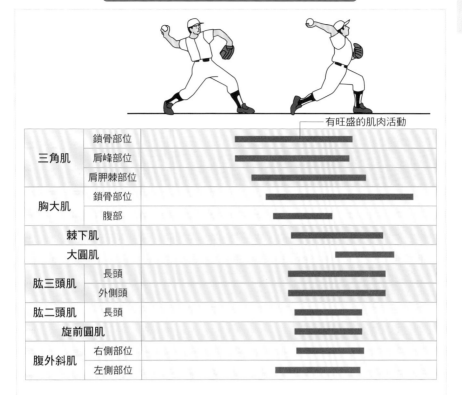

有旺盛的肌肉活動

三角肌	鎖骨部位	▬▬▬▬▬▬▬
	肩峰部位	▬▬▬▬▬▬▬
	肩胛棘部位	▬▬▬▬▬▬▬
胸大肌	鎖骨部位	▬▬▬▬▬▬
	腹部	▬▬▬
棘下肌		▬▬▬▬
大圓肌		▬▬▬
肱三頭肌	長頭	▬▬▬▬
	外側頭	▬▬▬▬
肱二頭肌	長頭	▬▬▬
旋前圓肌		▬▬▬
腹外斜肌	右側部位	▬▬▬
	左側部位	▬▬▬

手腕豎起期（肩關節後旋至最大）～加速期

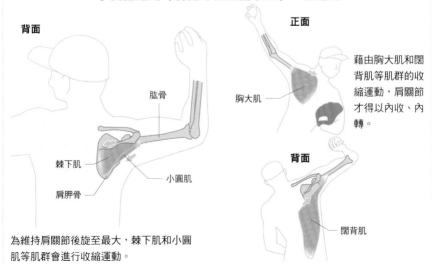

背面

肱骨

棘下肌

小圓肌

肩胛骨

為維持肩關節後旋至最大，棘下肌和小圓肌等肌群會進行收縮運動。

正面

胸大肌

藉由胸大肌和闊背肌等肌群的收縮運動，肩關節才得以內收、內轉。

背面

闊背肌

能量傳遞與踢球

踢球動作中，關節速度的峰值依序出現在髖關節、膝關節、踝關節

腳背踢法的分期

　　足球競賽中的踢球可以分成**腳背踢球**、**腳內側踢球**和**腳跟踢球**等數種，選手依比賽情況選擇最適合的踢法。其中腳背踢球依時間順序可分為三期～五期。

準備期	踢球腳的腳跟著地至腳尖離地之前的期間。
後擺期	延續準備期至髖關節最大伸展為止的期間。
小腿上擺期	至膝關節最大屈曲為止的期間。
加速期	接著伸展膝關節，觸及球面將球踢出去為止的期間。
收尾期	觸及後至踢球動作結束為止的期間。以腳背踢球來說，這段期間約有0.8秒，亦即收尾期佔了整體踢球時間的40％以上。

準備期～收尾期

準備期 ➡ 　　　　　　　　　　　　　　　　　後擺期 ➡

至腳尖離地為止　　　　　　　　　　　至髖關節最大伸展為止

踢球時的動力鏈過程

頂尖足球選手奮力一踢，球速甚至可以超過時速100公里。要踢出如此飛快的球速，當然就需要非常強大的動力，因此光靠下肢的肌力絕對不夠，還需要**上半身適時爆發強烈的肌肉收縮**。

分析頂尖選手進行腳背踢時腳部各關節在矢狀切面方向上的速度時發現，**髖關節的速度**出現峰值後，緊接著是**膝關節的速度**出現峰值，然後接著是**踝關節**。

這與投擲動作的動力鏈過程（→ P164）是相同原理，運用各關節的動力鏈過程，大幅提升末端部位（投球的話是手部，踢球的話是足部）的速度。

踢球腳的關節速度

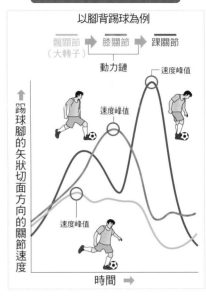

以腳背踢球為例

髖關節（大轉子）➡ 膝關節 ➡ 踝關節

動力鏈

速度峰值

踢球腳的矢狀切面方向的關節速度

時間 ➡

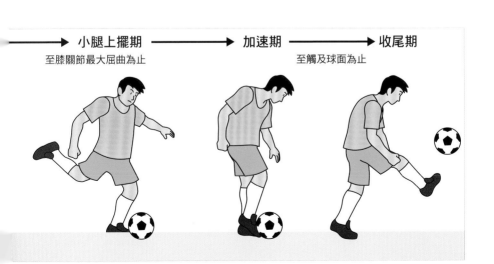

➡ 小腿上擺期
至膝關節最大屈曲為止

➡ 加速期

➡ 收尾期
至觸及球面為止

自由球的分析

> 起腳後的第三步是一連串動作中最重要的關鍵

自站立姿勢至第二步為止的動作分析

　　足球、橄欖球運動中除了一般短踢傳球、長踢射門外，還有罰球的自由球。這裡將為大家介紹一般最為常見，將最大動力傳遞至球上的**自由球**（以右腳為踢球腳）。

　　一般足球選手踢球的時候不會從球的正後方起跑，而是多半會從**球的45度斜角**處起跑。具體而言，先往球的反方向（與球的行進方向相反）退後兩步，再往左側跨兩步，這裡就是踢球的起跑位置。

　　為了迅速移動身體與進行軀幹的旋轉運動，選手要先做好左腳擺在右腳前方，腳尖稍微朝向球的準備姿勢。上肢輕鬆擺放，視線放在球的下半部。

　　接下來，從左腳稍微踏一小步開始，然後右腳移動至準備位置與球的中間，身體重心跟著轉移。這時候右側髖關節要稍微內收。

腳觸及球面之前的動作分析

　　第三步的左腳髖關節要外轉，與球門線幾乎呈直角，足弓位在通過足球中心的直線上。這個位置大約離足球有15～20公分遠。這個**第三步是一連串動作中最重要的一個關鍵**，接下來軀幹才能朝著球門線進行旋轉，右側髖關節也才能作出大幅度的屈曲、內收和內轉動作。這時候藉由左腳股四頭肌的離心收縮（→P90）吸收著地時的衝擊力，好讓膝關節準備用力伸展以迎接踢球的瞬間。

　　抬舉的右腳髖關節屈曲，以膝關節為中心朝著足球進行**單擺運動**。右膝關節通過足球上方時用力伸展，然後踝關節的第一蹠骨進行蹠屈運動。全身的力量集中在觸及面，然後再傳遞至足球上。

　　右腳觸及足球的瞬間，為了不使軀幹過度向左旋轉，左肩要進行水平內收，上肢要橫越胸前。透過這樣的動作，踢球者的雙肩連結線才能維持與球門線平行的狀態。

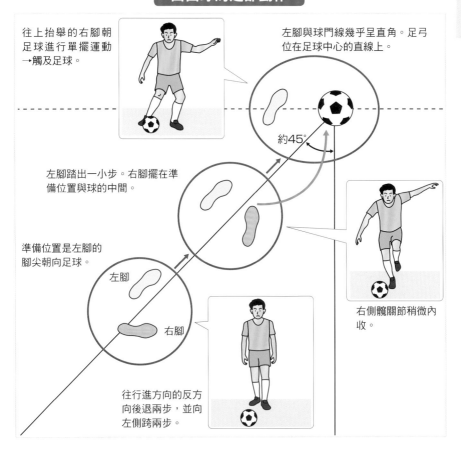

自由球的足部動作

往上抬舉的右腳朝足球進行單擺運動→觸及足球。

左腳與球門線幾乎呈直角。足弓位在足球中心的直線上。

約45°

左腳踏出一小步。右腳擺在準備位置與球的中間。

準備位置是左腳的腳尖朝向足球。

左腳

右腳

右側髖關節稍微內收。

往行進方向的反方向後退兩步，並向左側跨兩步。

收尾期的動作分析

　　腳離開足球後的收尾期其實就是踢球動作的減速運動。右腳在觸及足球後依舊處於高速狀態，**為防止膝關節、髖關節受損，必須確實加以減速**。而所謂減速，就是透過大腿後肌的離心收縮以降低膝關節的伸展動作；透過髖關節外旋肌群、臀大肌、臀中肌、闊筋膜張肌等的離心收縮以減少髖關節的屈曲、內收和內轉運動。

　　雖然身體在收尾期不再接觸足球，但因為這個動作極可能造成傷害，所以一定要格外小心。

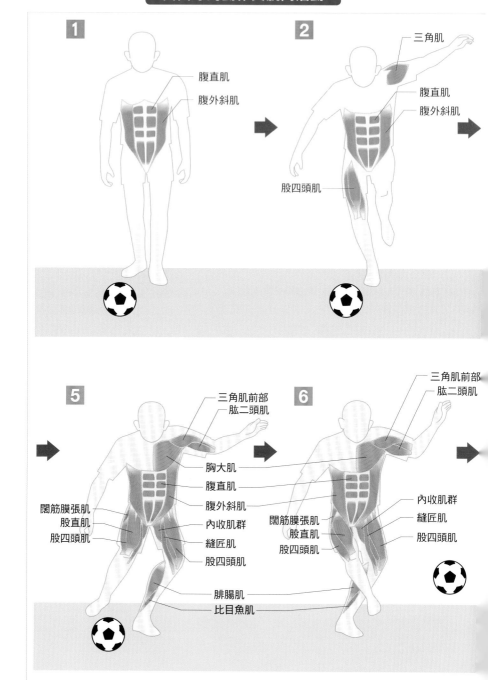

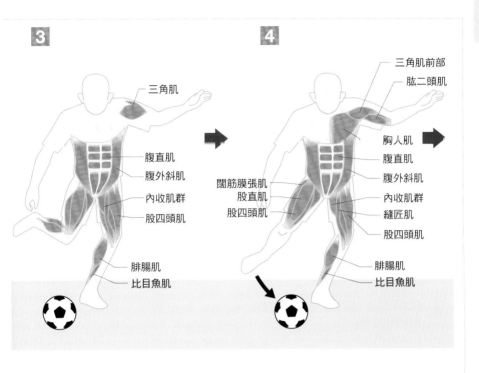

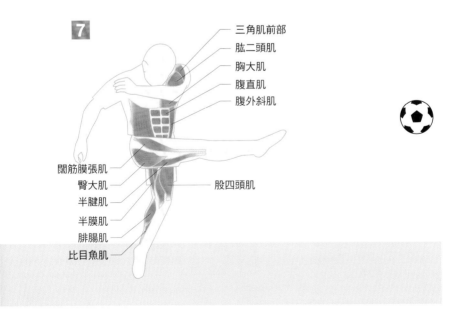

高爾夫球揮桿動作的肌肉活動

> 揮桿動作的肌肉活動會因時間點不同而不同

高爾夫球揮桿動作的肌肉活動

高爾夫球揮桿動作如右表所示可分為5期。

屈指淺肌，根據針對頂尖專業高爾夫球選手的揮桿發球動作進行分析研究的報告顯示，屈指淺肌在下桿前期至加速期這段期間會長時間進行強烈活動，尤其是前導臂側（leading arm）有相當旺盛的活動力，至於跟隨臂側（trailing arm）則在擊球前才逐漸增加活動力（右撇子的話，右上肢是跟隨臂，左上肢是前導臂）。

肱二頭肌，跟隨臂側在擊球瞬間有強烈的活動力，但擊球前後的活動力非常小。至於前導臂側，擊球前後都有明顯的活動力，而且在擊球瞬間達到峰值。

肱三頭肌，無論前導臂側或跟隨臂側，在下桿前期都有旺盛的活動力。

上桿期～收桿後期

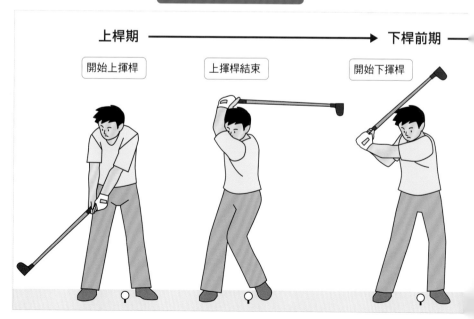

上桿期 ————————————————→ 下桿前期 —

開始上揮桿　　　　上揮桿結束　　　　開始下揮桿

三角肌，擊球之前，跟隨臂側的肌肉活動力逐漸增強，擊球後則轉為前導臂側開始出現旺盛的活動力。

至於**胸大肌**，從下桿前期至加速期這段期間，前導臂側和跟隨臂側幾乎同時開始有旺盛的活動力，擊球後活動力逐漸降低。

上桿期	從起始姿勢開始至上揮桿結束。
下桿前期	從開始下揮桿至桿頭與地面呈水平為止。
加速期	從桿頭與地面呈水平至擊球為止。
收桿前期	從擊球至球桿水平位置為止。
收桿後期	從球桿呈水平至揮桿動作結束為止。

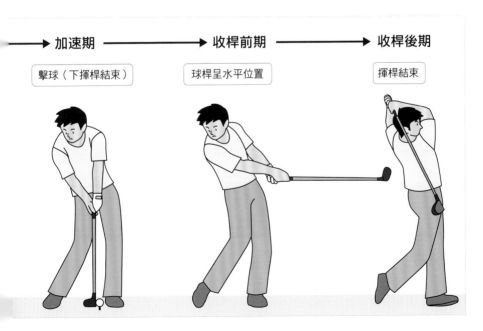

→ 加速期 ———→ 收桿前期 ———→ 收桿後期

擊球（下揮桿結束） 球桿呈水平位置 揮桿結束

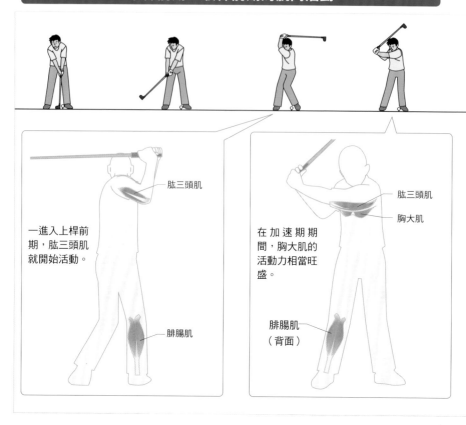

一進入上桿前期，肱三頭肌就開始活動。

肱三頭肌

腓腸肌

在加速期期間，胸大肌的活動力相當旺盛。

肱三頭肌

胸大肌

腓腸肌（背面）

揮桿的分期

腹外斜肌，跟隨臂側在擊球前後有明顯的活動力，但在擊球的瞬間就開始減弱。相對於此，前導臂側的活動力則明顯低落。

闊背肌，前導臂與跟隨臂兩側皆在擊球前後有明顯的活動力。

股外側肌，跟隨臂側在擊球前有明顯的活動力，擊球時活動力就開始減弱。前導臂側則是在擊球前後都有旺盛的活動力。

股二頭肌，活動情況與股外側肌雷同，跟隨臂側在擊球前有明顯的活動力，擊球時活動力開始減弱。前導臂側則是在擊球前後都有旺盛的活動力。

腓腸肌，跟隨臂側在下桿前期有相當旺盛的活動力，但在加速期活動力逐漸減弱。另一方面，前導臂側幾乎沒有什麼明顯的活動力。

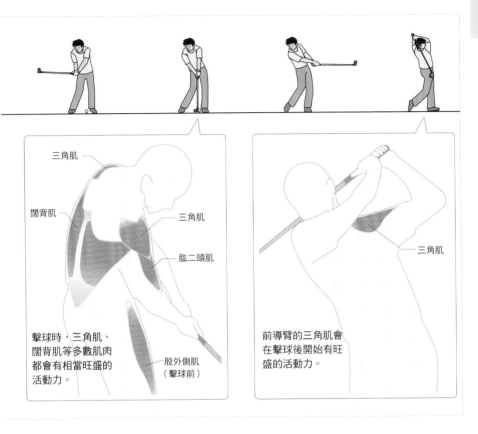

三角肌

闊背肌

三角肌

肱二頭肌

擊球時，三角肌、闊背肌等多數肌肉都會有相當旺盛的活動力。

股外側肌（擊球前）

三角肌

前導臂的三角肌會在擊球後開始有旺盛的活動力。

從地面反作用力來分析揮桿動作

　　從地面反作用力來分析揮桿動作，可以發現原本左右平均的承載會在上桿期時移轉至跟隨臂側的下肢，然後在擊球時再度移轉至前導臂側的下肢，擊球後幾乎維持在前導臂側的下肢。

　　再看到垂直方向的承載量，前導臂側在擊球前最小，然後突然急遽增加，在擊球後達到最大。

　　另一方面，跟隨側則在下桿前期時達到最大，擊球前開始變小，擊球後繼續減少，直到最後歸零。

貼紮

貼紮是指「以黏性膠布固定」的意思。5000年前的古埃及與中國以貼紮作為「繃帶」或「繃帶固定法」，用於非侵入性的治療上。現階段我們所使用的黏性膠帶是美國於1920年代發明製作，用於預防美式足球或籃球等劇烈運動時發生急性傷害。據說日本從1975年代才開始正式普及。

貼紮的目的如下所述。

●預防外傷⋯為預防各種運動造成的外傷，於身體健全部位進行貼紮。

●預防再復發⋯外傷後重返運動場時，為預防傷勢再度復發，於受傷部位進行貼紮。

●緊急處置⋯受傷時的緊急處理是RICE緊急處理原則（→P183），以R和C的目的進行貼紮。

●減輕、緩解疼痛⋯日常生活或運動中，為減輕骨列矯正、肌肉伸長縮短、緩和衝擊等造成的疼痛而進行貼紮。

●保守治療的固定法⋯治療輕度韌帶損傷時，不使用完全固定法，改選擇矯具或貼紮來輔助固定以保護患部。

＊另外也有使用「肌內效貼布」、「螺旋式貼布」進行獨特固定法的貼紮。

無論為了上述哪一種目的進行貼紮，都不可過度認為「不管傷勢輕重，只要貼紮就能夠無限制的自由活動。」過於仰賴貼紮的話，只會導致外傷再復發、傷勢繼續惡化或演變成慢性傷害。

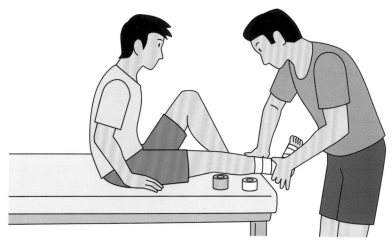

第 **4** 章

種類別
**容易發生的運動
傷害與復健運動
的方法**

運動傷害的種類與發生原因

運動傷害可分為兩種類型

經由運動得來的肉體與精神上的各種效果，稱為「**運動效果**」。肉體方面的運動效果有柔軟度、肌力、心肺功能的提升；精神方面的運動效果則有減輕壓力、提升成長期的社會性能力等等。

相反的，因運動造成的傷害等不好的結果則稱為「**運動傷害**」。運動傷害可分成一次外在的突發作用力造成的傷害，諸如骨折、韌帶損傷等「**急性傷害**」；以及運動中反覆的動作造成某特定部位的負擔傷害，諸如腰痛、膝痛等「**累積性傷害**」。

從事某種運動時，需要較日常活動更大的力量與快速的動作，再加上重複同樣模式的動作比較多，因此造成急性、累積性傷害的可能性相形提高。

在運動只專屬於部分競賽選手的時代裡，這類運動傷害只是少數特定人物的問題。然而，在最近的先進國家中，運動不再只是欣賞用，大家可以進一步參與，因此運動傷害成為所有人都會面臨到的問題。

多數罹患累積性傷害的患者在治療過後都會再次回歸同種項目的運動場上，因再度的反覆施加壓力於患部，所以容易致使傷害一而再再而三的復發。另一方面，即便是一次外在的突發作用力造成的急性傷害，也可能會成為該種競賽運動特有的受傷機轉，致使再復發的可能性提高。

運動傷害的原因可分為內在因素與外在因素

運動傷害（急性傷害與累積性傷害）發生的原因可大致分為**內在因素**與**外在因素**兩種。

內在因素是個人問題，例如肌力或柔軟度差、骨列（骨骼排列位置）異常、靈活度不佳、姿勢不良等等。

外在因素則是運動時的環境問題，具體來說，例如天候不佳、運動場或路面不平、穿著鞋底磨損的運動鞋、使用不當的道具、暖身運動作得不夠、過度練習等等。

運動傷害發生的原因

內在因素

肌力、柔軟度差　　　骨列異常　　　靈敏度不佳　　　姿勢不正確

運動傷害

急性傷害

一次外在的突發作用力造成的傷害。
→骨折、韌帶損傷等

累積性傷害

運動中反覆的動作造成累積性的傷害。→腰痛、膝痛等

外在因素

練習環境不佳　　穿著鞋底磨損的鞋子　　暖身運動不足　　過度練習

競賽特性與容易發生的運動傷害

▶ 肌肉拉傷最常發生在大腿後肌部位

大腿後肌拉傷最常發生在短跑選手身上

田徑競賽包含跑步動作、跳躍動作和投擲動作等，再加上分類複雜，要歸納出某種競賽會有某種運動傷害實屬不易，但通常**爆發型的競賽運動最容易發生的就是肌肉拉傷**。

肌肉拉傷是指運動中某個會使肌肉強烈收縮的動作導致急遽發生的張力作用在肌肉上，造成部分肌肉受損的狀態。受傷部位最常出現在**大腿後肌**，約佔肌肉拉傷的70％，尤其是**股二頭肌長頭**更是容易拉傷，其次是股直肌、腓腸肌、股內收肌。

大腿後肌的拉傷好發在短跑選手、橄欖球和足球選手身上，特別是**急速跑步中**。具體來說就是推蹬期尾聲，大腿後肌收縮使膝關節伸展以發揮減速功能的時候，或者是起跑期，從穩定的屈曲位突然轉變成輔助膝關節伸展的時候。

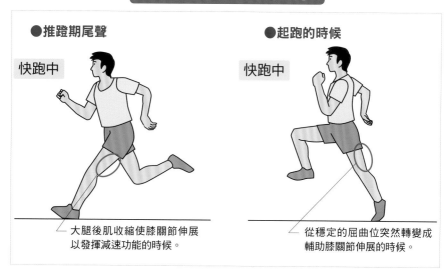

大腿後肌發生拉傷的姿勢

●推蹬期尾聲

快跑中

大腿後肌收縮使膝關節伸展以發揮減速功能的時候。

●起跑的時候

快跑中

從穩定的屈曲位突然轉變成輔助膝關節伸展的時候。

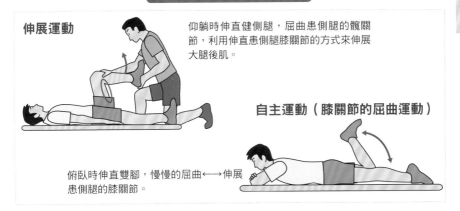

肌肉拉傷的復健運動

伸展運動

仰躺時伸直健側腿，屈曲患側腿的髖關節，利用伸直患側腿膝關節的方式來伸展大腿後肌。

自主運動（膝關節的屈曲運動）

俯臥時伸直雙腳，慢慢的屈曲←→伸展患側腿的膝關節。

肌肉拉傷的緊急處置與復健運動

　　肌肉拉傷時，倘若緊急處置做得不夠充分或復健運動不夠完整的話，回歸運動場後極可能留下肌動痛或不適感等後遺症。肌肉拉傷是一種可能**再度復發的嚴重急性傷害**，所以若發現有強烈的觸痛感，就應該前往醫院接受治療。即便只是輕度拉傷，受傷後也務必確實做到**RICE緊急處理原則**。1～2週後，待疼痛情況稍微緩和，就可以開始於熱敷後進行大腿後肌的自主運動和伸展運動。並且以是否疼痛為指標，另外追加踩腳踏車與強化肌力的運動。3週過後可以開始輕度慢跑，然後逐漸增加距離和速度。

　　肌肉拉傷是一種極容易再度復發的運動傷害，因此**運動前的暖身運動**非常重要，特別是**伸展運動**絕對不能省略。

相關知識　　**RICE緊急處理原則**

休息（R：rest）
冰敷（I：icing）
壓迫（C：compression）
抬高（E：elevation）
RICE是急性外傷時的緊急處理原則。目的是為了抑制外傷導致的發炎，無論接下來要採取外科手術治療或保守治療，受傷後立即進行RICE緊急處理原則，能夠使之後的治療更加順暢。

Rest（休息）　　Icing（冰敷）

Compression（壓迫）　　Elevation（抬高）

按照發生原因分類

▶ 造成跑步傷害的原因可分為內在因素與外在因素

骨科疾患主要好發於足部至膝關節

隨著重視健康的風氣提升，愈來愈多人加入慢跑行列，根據資料統計，2012年慢跑和跑步的人口大約有1,000萬人。市民馬拉松比賽一場接著一場舉辦，但在跑步為身體帶來健康的同時，負面影響也跟著浮上檯面。所謂負面影響，就是**跑步傷害**。跑步傷害可分成疲勞性骨折、肌腱炎等的**骨科疾患**；以及貧血、月經異常等的**內科疾患**。

骨科疾患的跑步傷害多發生於一些資歷尚淺的馬拉松愛好者身上，急於想跑出好成績而不停加快速度或增加跑步距離。這種跑步傷害的種類很多，但主要是發生於足部至膝關節的**疼痛疾患**。

在跑步的支撐期（足部的著地期），地面反作用力的垂直分力將近是體重的3倍。而距下關節進行內翻運動時的角度變化也有12°～16°之多，這麼大幅度的動作必須在短短的0.03秒內完成。所以**跑步帶給關節和肌肉的負荷比行走來得大**，而這也是引發跑步傷害的原因之一。

內在因素與外在因素

發生跑步傷害的原因可分為**內在因素**和**外在因素**兩種。

內在因素是跑者自身的問題，例如年齡、骨列異常（骨頭的排列位置）、跑步姿勢、肥胖、性別等等。

外在因素則是跑步時的環境問題，例如跑步距離、運動鞋、跑步路面等等。

造成跑步傷害的原因

內在因素

例如

年齡

肥胖

外在因素

例如

跑步距離

穿戴鞋底磨損的運動鞋

造成跑步傷害的內在因素

年齡	跑步傷害多發生在35歲過後，但肌肉或肌腱方面的疼痛疾患則好發於40～50歲的人身上，另外，邁入60歲之後，骨頭和關節方面的疼痛疾患會逐漸增加。組織退化（老化現象）是發病的導火線。
骨列異常（排列不正）	倘若是Ｏ型腿，壓力會集中在膝關節內側，導致這部位的軟骨和半月板容易出現疼痛的情況。而外側則因為不斷拉長而致使髂脛束（→P40）容易發炎。 屈曲 髂脛束
跑步姿勢	高步幅跑法的跑者容易拉傷髖關節或大腿肌肉；而高步頻跑法的跑者則容易發生脛骨的疲勞性骨折或足底腱膜炎。 高步幅跑法　大腿肌肉拉傷　髖關節受損　負荷大　步長大 高步頻跑法　足底腱膜炎　脛骨骨折　負荷大　步長小、步數多
肥胖	體重增加不僅會增加下肢的負荷，也是引發腰痛的主要原因之一。
性別	骨盆較寬的女性，足部著地時足踝會從外側凹向內側，容易造成足部的負荷。另外，女性通常多有關節過於柔軟的問題，而男性則多有肌肉僵硬的問題。 女性的骨盆　著地　過度內旋

造成跑步傷害的外在因素

跑步距離	單位時間內（一個月或一星期）跑步的距離愈長，發生跑步傷害的機率愈大。
運動鞋	鞋底磨損的運動鞋會致使吸收地面反作用力的功能降低，帶給身體額外的負擔。
跑步路面	一般而言，道路都會向路肩傾斜，若平時總在同一側路肩練跑的話，外側下肢與內側下肢承受的力道就會失衡。

185

代表性運動傷害

▶ 代表性運動傷害有髂脛束症候群、鵝足黏液囊炎、脛前疼痛、疲勞性骨折等

起因是膝關節附近的肌肉、肌腱受損

膝關節附近除了膝關節伸展結構（→P196）外，後方有大腿後肌與膕肌；內側有縫匠肌；外側有髂脛束等肌肉和肌腱，這些肌肉、肌腱受損的話，就容易引發運動傷害。

具體的運動傷害有**外側的髂脛束症候群**、**內側的鵝足黏液囊炎**等等。

髂脛束症候群

●**解剖構造**　髂脛束起自髂嵴，附著於脛骨近端外側。膝關節伸展時，會位於股骨外上髁前方；膝關節屈曲時則移動至股骨外上髁後方。因此，當膝關節反覆屈伸時，會對**髂脛束與股骨外上髁之間產生機械性刺激而導致髂脛束發炎**。一旦髂脛束發炎，跑步時會有膝外側疼痛的自覺症狀。這種運動傷害稱為「髂脛束症候群」，也就是俗稱的**「跑者膝」**，剛起跑時不會有什麼症狀，但隨著跑步距離增加，疼痛情況會愈來愈明顯。容易引發髂脛束症候群的運動有田徑長距離賽跑、自行車競賽等。

●**成因**　容易引發髂脛束症候群的內在因素有**膝內翻、旋前足**等。膝內翻（O型腿）跑者的膝關節內翻力矩變大，會帶給髂脛束較大的負荷；而旋前足跑者的膝關節內轉角度大，會帶給膝關節外側支撐結構較大的負荷，因此容易引發髂脛束症候群。除此之外，因**臀中肌肌力不足**，臀大肌與闊筋膜張肌（髂脛束近端部位）會同時收縮以進行代償作用，因此造成髂脛束更加緊繃。

●**治療方法與復健運動**　髂脛束症候群的治療方法是**保守治療**。疼痛強烈的急性期就停止跑步運動，安靜修養，等到發炎情況穩定之後，再採用溫熱療法或超音波療法等物理治療。以緩和肌肉的緊繃為目的，進行闊筋膜張肌至髂脛束的伸展運動。另外，在不會出現疼痛症狀的範圍內，進行髖關節外展肌群的肌力強化訓練。

要舒緩伸展緊繃，利用**護弓具**與**貼紮**來輔助治療也非常有效。具體來說，針對

髂脛束症候群的受傷機轉與復健運動

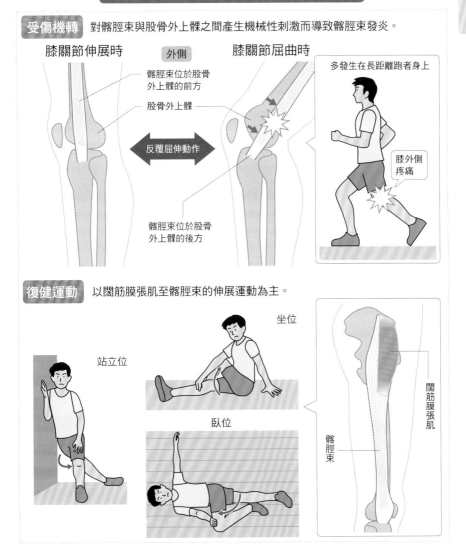

受傷機轉 對髂脛束與股骨外上髁之間產生機械性刺激而導致髂脛束發炎。

膝關節伸展時　　外側　　膝關節屈曲時

髂脛束位於股骨外上髁的前方

股骨外上髁

反覆屈伸動作

髂脛束位於股骨外上髁的後方

多發生在長距離跑者身上

膝外側疼痛

復健運動 以闊筋膜張肌至髂脛束的伸展運動為主。

站立位

坐位

臥位

闊筋膜張肌

髂脛束

髂脛束症候群，可以嘗試使用**外側楔型**的足墊。外側楔型是指讓施加於小腿的額切面上的重心線向內側移動，以減少膝關節的內翻力矩，減輕髂脛束的伸展緊繃。

　跑步時選擇可以充分吸收衝擊力的運動鞋，跑步速度不宜過快，步長也不宜過大，另外，盡量在平坦、柔軟的地面跑步，避免在傾斜的路肩上練跑。

鵝足黏液囊炎

●**解剖構造**　鵝足肌腱是**縫匠肌**、**股薄肌**、**半腱肌**的肌腱之總稱，呈扇形附著於脛骨近端內側。因附著部位形同鵝足，故命名為鵝足肌腱。**大腿後肌**具有強大的肌力，牽引力會反覆的施加在鵝足肌腱上，再加上鵝足肌腱的解剖構造，每當膝關節屈伸時，**膝部內側側副韌帶**的前方纖維就會不停摩擦鵝足部位，因此導致肌腱附著部位和鵝足黏液囊發炎。鵝足黏液囊炎好發於短跑選手與足球選手身上。自覺症狀是鵝足部位的觸痛與疼痛，有些病例在屈伸膝蓋時會有喀啦聲或腫脹的情況。

●**成因**　**膝外翻**和**旋前足**等骨列異常（骨頭的排列位置）是誘發鵝足黏液囊炎的潛在因素。

鵝足黏液囊炎的受傷機轉與復健運動

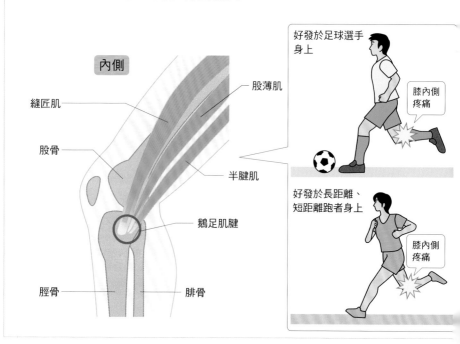

受傷機轉　膝關節屈伸時，膝部內側側副韌帶的前方纖維不停摩擦鵝足部位，導致肌腱附著部位和鵝足黏液囊發炎。

內側

縫匠肌
股骨
脛骨
股薄肌
半腱肌
鵝足肌腱
腓骨

好發於足球選手身上
膝內側疼痛

好發於長距離、短距離跑者身上
膝內側疼痛

● **治療方法與復健運動** 原則上，治療鵝足黏液囊炎以**保守治療為主**。疼痛強烈的急性期就停止跑步運動，安靜修養，等到發炎情況穩定之後，再採用溫熱療法或超音波療法等物理治療。以緩和肌肉的緊繃為目的，進行大腿後肌的伸展運動。另外，在不會出現疼痛症狀的範圍內，進行大腿後肌的肌力強化訓練。

為了舒緩伸展緊繃，利用護弓具與貼紮來輔助治療也非常有效。具體來說，針對鵝足黏液囊炎，可以嘗試使用**內側楔型**的足墊。內側楔型是指讓施加於小腿的額切面上的重心線向外側移動，以減少膝關節的外翻力矩，減輕內側大腿後肌的伸展緊繃。

跑步時選擇可以充分吸收衝擊的運動鞋，跑步速度不宜過快，步長也不宜過大，另外，盡量在平坦、柔軟的地面上跑步。

復健運動 以大腿後肌（股二頭肌、半腱肌、半膜肌）的伸展運動為主。

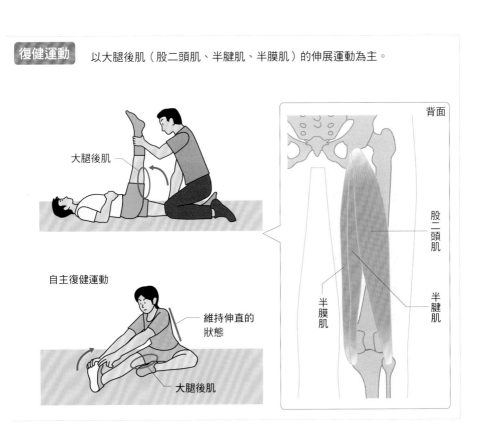

脛前疼痛

●**解剖構造**　脛前疼痛是最具代表性的運動傷害之一，好發於田徑、足球、籃球等多種競賽運動的選手身上。典型症狀是運動中或運動後的小腿（脛骨）內側中下部位1/3處有疼痛症狀。從X光片上看不出有什麼明顯異狀，所以也被稱為**脛骨骨膜炎**，廣義來說就是小腿疼痛的總稱。

●**成因**　因為跑步時脛後肌的收縮與伸展會帶給脛後肌附著部很大的壓力。內在因素方面有**扁平足、旋前足、踝關節柔軟度低**等幾種可能性，而外在因素的話則有穿著不適當的鞋子、跑步路面較硬等等。一般來說，疼痛的強度與跑步距離成正比，當運動量減少時，症狀也會跟著緩解。

●**治療方法與復健運動**　脛前疼痛的治療以**保守治療**為主。疼痛強烈的急性期就停止跑步運動（或其他各種運動），倘若有發炎現象，以冷敷與按摩來加以緩解。**治療重點在於提升踝關節的柔軟度**，進行以踝關節為主的伸展運動。若是天生旋前足或扁平足，就應該採用以足墊來輔助的治療。

脛前疼痛的壓觸痛部位

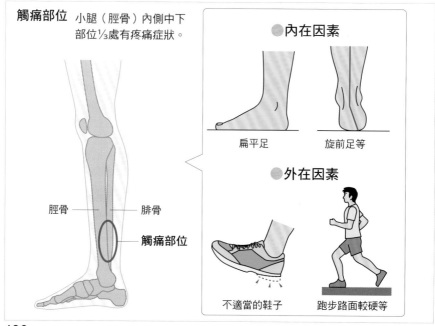

觸痛部位　小腿（脛骨）內側中下部位⅓處有疼痛症狀。

●內在因素

扁平足　　　　旋前足等

脛骨　　　　腓骨

觸痛部位

●外在因素

不適當的鞋子　　　跑步路面較硬等

疲勞性骨折

●**解剖構造**　疲勞性骨折與一次外在的突發作用力造成的一般外傷性骨折不同，是指不會一次致使骨折的外力重複施加於骨頭的某個部位所造成的骨折。具體來說，是**重複的跑步或跳躍動作所導致的傷害**，但這與持久的長跑、爆發力十足的短跑會發生傷害的部位不同。疲勞性骨折最常發生在**脛骨**，其次是**蹠骨**、**腓骨**。主要症狀是骨折部位四周的疼痛，會因負荷增加而加劇。但傷害發生後，有些病例從X片上看不出有任何明顯異狀，所以要特別留意。

●**治療方法與復健運動**　基本上，疲勞性骨折的治療以**保守治療**為主，但依受傷部位和發生經過的不同，有時候也必須進行**外科手術治療**。不同的受傷部位或嚴重性，處理方式也會不一樣，有些病例只需要休養數星期（禁止運動）或免除負載（使用枴杖），靜待骨頭上的裂縫癒合即可。這段期間可以針對柔軟度較差的部位進行伸展運動，也可以進行一些不會造成患部負擔的肌肉強化訓練，另外像是**有氧運動**方面，可以選擇**踩固定式腳踏車**或**水中運動**。依骨折部位的不同，也可以於再度開始跑步時穿戴足墊來保護。

小腿疲勞性骨折的發生部位

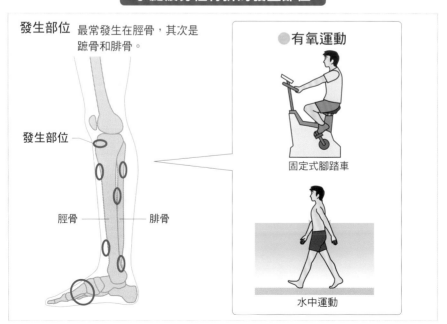

發生部位　最常發生在脛骨，其次是蹠骨和腓骨。

發生部位

脛骨　　　腓骨

●**有氧運動**

固定式腳踏車

水中運動

競賽特性與容易發生的運動傷害

籃球比賽中的運動傷害幾乎發生在下肢

籃球，在長邊28公尺、短邊15公尺的籃球場上，兩隊各5位球員互搶一顆球，然後要將搶到的球投入位於底線高度3.05公尺的籃框中，投進才算得分，以得分較多者獲勝。

搶到球的進攻方隊伍必須在24秒內出手投籃，攻防輪替的速度很快，所以選手要頻繁的煞車、跳躍和轉身。這些動作對下肢的負擔很大，特別是女性，非常容易發生非接觸性的**膝前十字韌帶損傷**。

根據某項籃球競賽傷害的調查報告，籃球場上最常發生的運動傷害是**踝關節扭傷**，其次就是**膝前十字韌帶損傷**，絕大多數的下肢傷害就屬這兩種。

膝前十字韌帶的功能與受傷機轉

前十字韌帶和後十字韌帶都是獨立於膝關節關節囊內的韌帶，前十字韌帶起自股骨外髁的內側後方，止於脛骨關節面前內側。主要功用是**防止脛骨向前移動和膝關節過度伸展**。股四頭肌的強烈收縮會使膝關節伸展，在伸展範圍內前十字韌帶會呈緊繃狀態。

膝關節和髖關節一樣，骨頭本身的穩定性較差，需要仰賴韌帶、半月板、肌肉和肌腱等組織來協助固定，因此這個部位極為容易發生運動傷害。運動造成的膝關節韌帶損傷中，**前十字韌帶損傷約佔50％、脛側（內側）副韌帶損傷約佔30％**，含兩韌帶合併損傷的病例在

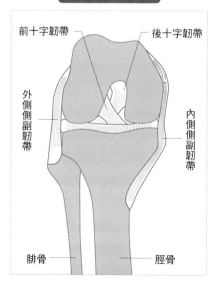

膝十字韌帶

前十字韌帶　　　　　　後十字韌帶

外側副韌帶

內側副韌帶

腓骨　　　　　　　　　脛骨

膝前十字韌帶損傷的受傷機轉

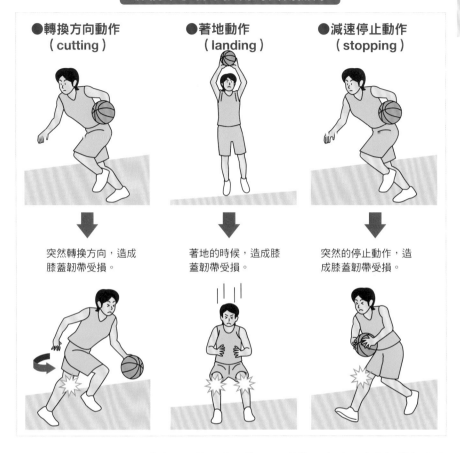

●轉換方向動作（cutting）

突然轉換方向，造成膝蓋韌帶受損。

●著地動作（landing）

著地的時候，造成膝蓋韌帶受損。

●減速停止動作（stopping）

突然的停止動作，造成膝蓋韌帶受損。

內約佔全體的90％。據說美國一整年就有將近10萬筆以上的前十字韌帶損傷病例。

前十字韌帶損傷多半發生在轉換方向動作（**cutting**）、著地動作（**landing**）及減速停止動作（**stopping**）上。這時候選手的姿勢多因外力介入而失去平衡，導致重心向後移，在足部固定於地面的狀態下，輕度屈曲的膝關節被迫強制外翻。通常女性發生機率比較高，而發生這種傷害的競賽運動則以籃球居多。

倘若進行保守治療，日後再運動時容易發生俗稱**軟腳不穩**（giving way）的脛骨半脫位現象。半脫位不僅會使患者活動時有困難，引發半月板損傷或關節軟骨損傷等二次關節內受損的可能性也會比較高。

193

膝前十字韌帶損傷的治療

運動中若在上述的姿勢下傷了膝關節，覺得有脫臼現象且12小時內膝關節腫脹（關節內血腫）的話，極可能就是**膝前十字韌帶損傷**。

受傷後只要前往醫院抽出關節血腫且充分休息，就能夠大幅減輕患部的疼痛，一陣子過後不但能恢復原本的日常生活，甚至也可能再重返運動場上。但如果運動時感到**軟腳不穩**（giving way），那麼就極有可能會引發膝關節的二次傷害。因此，若決心重返運動場的話，一般都會選擇進行**手術治療**，亦即**前十字韌帶重建術**。進行重建術時，多半都是使用髕骨韌帶或內側大腿後肌的肌腱作為移植腱。

重建術後的肌力強化訓練

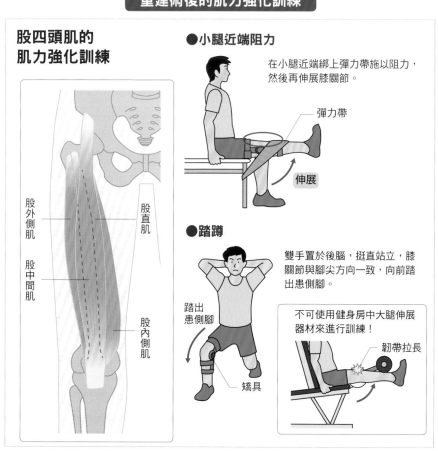

股四頭肌的肌力強化訓練

股外側肌
股中間肌
股直肌
股內側肌

●小腿近端阻力

在小腿近端綁上彈力帶施以阻力，然後再伸展膝關節。

彈力帶

伸展

●踏蹲

雙手置於後腦，挺直站立，膝關節與腳尖方向一致，向前踏出患側腳。

踏出患側腳

矯具

不可使用健身房中大腿伸展器材來進行訓練！

韌帶拉長

著地動作指導

以彈跳的訣竅，跳躍抓取台上夥伴手中的球。

深度屈曲髖關節，腳尖和膝蓋朝向正面著地。

膝前十字韌帶損傷的復健運動

進行完前十字韌帶重建術至正式回歸運動場的所需時程會因各家醫療機關的判斷標準而有所不同，一般而言都需要**半年至 10 個月**的時間。這是因為要恢復移植腱的強度及增加移植腱與骨頭接合處的強度需要比較長的時間。一般來說，在日本接受前十字韌帶重建術的話，術後需要住院 2～3 個星期，恢復日常活動所需的基本肌力及膝關節的可動範圍後，還需要繼續進行強化肌力等各種訓練。

然而進行訓練時必須特別注意一點，**千萬不要讓移植腱承受過大的負荷**。尤其是進行股四頭肌肌力強化訓練的時候，一般健身房的大腿伸展器材會在小腿遠端施加阻力，但這有可能會導致移植腱因股四頭肌的收縮而過度拉長。為預防這樣的情況發生，盡量不要使用健身房的大腿伸展器材，而改用**比較緊的彈力帶，在小腿近端施加阻力**。

另一方面，大腿後肌的收縮與前十字韌帶有連動關係，強化大腿後肌的肌力也是不可缺少的訓練之一。但如果使用內側大腿後肌的肌腱作為移植腱的話，術後會因為疼痛而無法積極進行強化肌力的訓練。因此術後的復健運動最好要有專業醫師的指導。

根據研究報告顯示，**膝前十字韌帶損傷的再復發及換對側腳受傷的病例不在少數**，尤其是籃球選手，因為會不停重複容易導致復發的動作，所以預防再復發的復健運動也是非常重要且不可或缺的。**除了恢復肌力的復健運動外，還必須追加端正動態骨列的足部訓練**。

競賽特性與容易發生的運動傷害

▶ 代表性運動傷害有跳者膝與歐氏病

跳躍動作容易造成運動傷害

　　排球，兩隊同樣人數的球員在不讓球掉落地面的狀態下，於規定的次數限制內將球擊至球網另一邊對方的場區裡。以球網和中線將兩隊球員隔開，原則上球員不得進入對方的場區內。比賽時，接住對方的強勁扣球，然後將球擊回去對方場區，若對方球員沒接到就算得分，所以我們時常可以看到球場上球員躍身扣球或攔網。

　　這項運動必須大量重複跳躍動作，因此常會發生**踝關節扭傷**或**腰痛**等運動傷害，而膝關節的**跳者膝（髕骨肌腱炎）**也是這項運動的常見運動傷害之一。

相關知識　　膝關節伸展結構

連接股四頭肌－股四頭肌肌腱－髕骨－髕骨韌帶－脛骨粗隆的重要支撐結構，股四頭肌的收縮轉換成膝關節的伸展力矩。

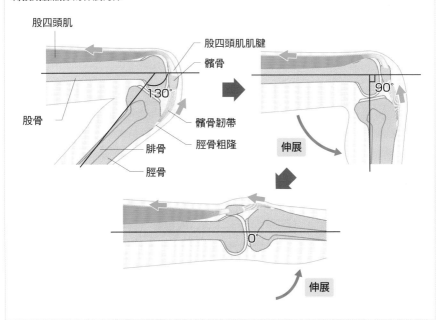

跳者膝、歐氏病的發病原因

跳者膝（**髕骨肌腱炎**）與歐氏病（**脛骨粗隆炎**）都是膝關節伸展結構出問題所造成的運動傷害。

跳者膝（髕骨肌腱炎）是反覆跳躍或跑步動作致使巨大的壓力施加在膝關節伸展結構上，進而造成**髕骨及四周組織發炎的疼痛疾患**。

歐氏病（脛骨粗隆炎）是一種發生在脛骨粗隆上的骨骺病，好發於10～15歲正值生長發育期且運動量大的青少年身上。

跳者膝與歐氏病共同的病因是大量的跑跳動作使股四頭肌反覆進行向心收縮與離心收縮（→P90），收縮所產生的牽引力施加在膝關節伸展結構上。尤其是髕骨韌帶，在膝關節伸展結構中負責**槓桿臂**（支點到抗力點的距離）的功能，但因為長度短，外力容易落在這個部位。

之所以取名為跳者膝，是因為這項運動傷害好發於需要大量跳躍的運動選手身上，但偶爾也會發生在田徑選手身上。好發年齡為15～20歲，男女比例為3：2～3：1左右，以男性居多。臨床症狀為髕骨四周疼痛，

發生部位

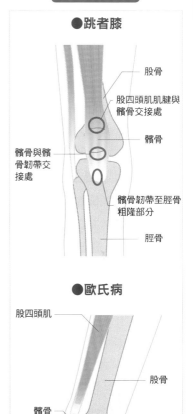

●跳者膝

股骨
股四頭肌肌腱與髕骨交接處
髕骨
髕骨與髕骨韌帶交接處
髕骨韌帶至脛骨粗隆部分
脛骨

●歐氏病

股四頭肌
股骨
髕骨
脛骨
脛骨粗隆

用語解說　骨骺病（epiphysiopathy）

常見於成長期的一種疾病，肌肉和肌腱的發育趕不上急速生長的骨頭，因此呈現過於緊繃的狀態。再加上這個時期的青少年運動量大，當外力不斷施加在肌肉、肌腱附著的骨骺部位上，就會引發過度使用症候群－骨骺病。

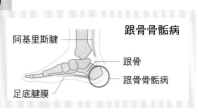

跟骨·骨骺病

阿基里斯腱
跟骨
跟骨·骨骺病
足底腱膜

以髕骨下緣的疼痛較為常見。而歐氏病的主要症狀則是脛骨粗隆疼痛，好發於10～15歲的男性。

根據研究顯示，之所以發生跳者膝，多半是因為一些過度使用股四頭肌的身體整體姿勢和動作異常所引發，具體而言就像是踝關節**背屈受限**、**股直肌柔軟度不足**、**腰椎屈曲受限**等等。

跳者膝、歐氏病的治療方法與復健運動

關於跳者膝、歐氏病的治療方式，當發炎情況嚴重時，必須先以冰敷治療，並暫停所有運動。待發炎情況緩和之後，再針對疼痛進行溫熱療法、水療法或超音

股四頭肌的伸展運動與強化訓練

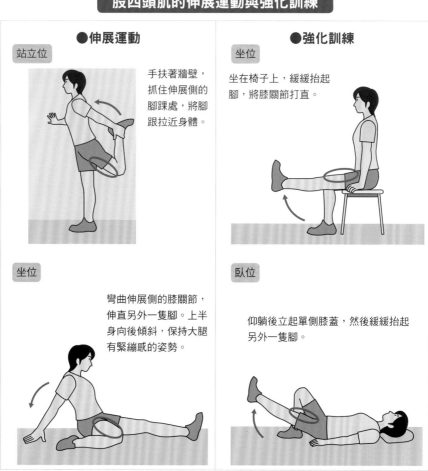

●伸展運動

站立位

手扶著牆壁，抓住伸展側的腳踝處，將腳跟拉近身體。

坐位

彎曲伸展側的膝關節，伸直另外一隻腳。上半身向後傾斜，保持大腿有緊繃感的姿勢。

●強化訓練

坐位

坐在椅子上，緩緩抬起腳，將膝關節打直。

臥位

仰躺後立起單側膝蓋，然後緩緩抬起另外一隻腳。

波療法等物理治療。

　為了提升下肢肌肉的柔軟度，要積極進行下肢肌肉的伸展運動，尤其是**股四頭肌與小腿三頭肌的伸展運動更是重要**。

　雖然強化股四頭肌是絕對不可缺少的訓練，但因為具有增強疼痛程度的危險，所以要從等長收縮（→P80）訓練開始，盡量在不會造成疼痛的角度及力道下進行。

　再度回歸運動場時，要穿戴矯具保護患部和避免疼痛發生，運動前要確實做好暖身運動和伸展運動，運動後也絕對不可省略緩和運動和再一次的伸展運動。

下腿三頭肌的伸展運動

雙手伸直扶著牆壁，雙腳前後打開。前膝彎曲，後膝伸直，伸直的那隻腳，腳後跟壓向地面。

●阿基里斯腱的伸展運動

縮小雙腳的距離，將體重移動至後面那隻腳，彎曲雙膝。

競賽特性與容易發生的運動傷害

▶ 肩部與肘部承受的負荷在投球動作四期中都不盡相同

反覆的投球動作造成肩部和肘部受損

棒球比賽中九人組成一隊，兩隊輪流進攻與防守，以得分較多者獲勝，是美國、日本相當盛行的運動。

防守方的投手負責投球，進攻方的選手負責打擊，基本上就是投球與打擊，但當然也包括了守備與跑壘等基本動作，因此球員常會發生各種運動傷害。與其他競賽運動相比，最大的特徵就是大量反覆進行投球動作，**過度使用手臂**（超過生理所能承受的過度負荷反覆持續進行，造成身體組織的損傷）引發**肩部與肘部的運動傷害**。

投球動作一、二期中對肩、肘的負荷

投球動作會給肩、肘帶來極大的負荷，是誘發投手肩、投手肘的肇因。投球動作大致分為四期（→P164）。在**晚期豎起期**，往前方位移的力量會施加在肱骨頭、肩胛關節盂上，造成肩關節前半脫位，因此肩盂唇和肩胛下肌會承受巨大的負荷。因為負荷過大，肩胛下肌的附著部容易受損或發炎，也容易致使前方肩盂唇、肩盂肱韌帶發炎、鬆弛或斷裂。這會造成投球時肱骨頭的不穩定，也會致使前半脫位的傾向因喙肩峰弓而壓迫旋轉肌袖。

肩關節後旋至最大時，手肘會被大幅度拉往肩胛平面後方，當肩關節最大外轉時，肱骨頭會留在肩胛平面後方，像是與上方肩盂唇連接在一起似的形成一個角度，而這個角度就稱為**肩關節超角度**（hyperangulation），看起來就像棘

用語解說　夾擊（impingement）

因外在衝擊導致組織被夾擊的現象。通常發生在肩關節的夾擊多半是指關節外夾擊（external impingement），滑液囊和棘上肌肌腱遭到喙肩峰弓（喙突－喙肩韌帶－肩峰）和肱骨大結節的夾擊。

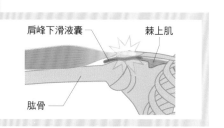

肩峰下滑液囊　　棘上肌

肱骨

肩關節超角度與夾擊

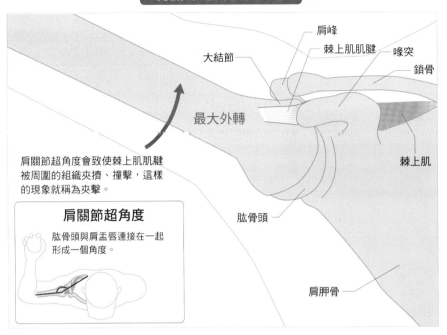

肩峰
棘上肌肌腱
喙突
鎖骨
大結節
最大外轉
棘上肌
肩關節超角度會致使棘上肌肌腱被周圍的組織夾擠、撞擊，這樣的現象就稱為夾擊。
肱骨頭
肩胛骨

肩關節超角度

肱骨頭與肩盂唇連接在一起形成一個角度。

上肌肌腱深層面被夾在關節盂後方上緣與肱骨大結節之間。相對於肩關節夾擊症候群的**關節外夾擊（external impingement）**，這種情況稱為**關節內夾擊（internal impingement）**，與肩關節前方不穩定有非常大的關連。

出現上盂唇前後病變（superior labrum anterior and posterior lesion，**SLAP**）的投手肩，在晚期豎起期肩關節最大外展、外轉時，肱二頭肌長頭肌腱會邊往後方移動邊旋轉，並出現牽引上方肩盂唇的現象（**剝離現象**），而這也是引發上盂唇前後病變的主要因素之一。

剝離現象（peel back）

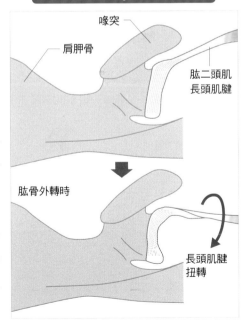

喙突
肩胛骨
肱二頭肌長頭肌腱

肱骨外轉時
長頭肌腱扭轉

投球動作三、四期對肩部的負荷

在加速期間，旋轉肌袖的功能一降低，肩關節從水平外展位迅速轉變為內收，從過度外轉位轉變為內轉時，旋轉肌袖就無法將肱骨頭穩穩的固定在關節盂中，也就會導致**肱骨頭不穩定**。因為肱骨頭不穩定，旋轉肌袖會不停受到喙肩峰弓的壓迫與摩擦，進而產生瘀血、浮腫（**旋轉肌袖症候群**）的現象。一旦旋轉肌群症候群及滑液囊發炎的情況慢性化，就會產生不可逆的增生與沾黏，如此一來，滑液囊便無法順利滑動（**肩峰下滑液囊炎**）。另一方面，投球加速期間身體的重心會向前移動，當身體旋轉時，肱二頭肌長頭肌腱承受過大的負荷就會容易發炎。

收尾期間當球離開手上後，上肢運動會急遽減速，後方肩關節會因此承受巨大負荷，造成以棘下肌為中心的旋轉肌袖**發炎**或**部分斷裂**。除此之外，張力作用在肱二頭肌長頭肌腱上，容易造成**盂唇前後病變**。加速期後半階段肩關節內轉加上

加速期與收尾期對肩部的負荷

加速期

旋轉肌袖功能降低

↓

肱骨頭不穩定

↓

旋轉肌袖受到喙肩峰弓的壓迫、摩擦

↓

引發旋轉肌袖症候群

收尾期

承受體重1～1.5倍的牽引力群

↓

造成後方肩關節的組織及肱二頭肌長頭肌腱的負荷

↓

引發旋轉肌袖症候群、旋轉肌袖部分斷裂、盂唇前後病變、Bennett病變

肱骨頭向後扭轉，產生的力量會致使肱骨頭後半脫位，結果導致強大的張力作用於後方關節囊和肩盂唇上，導致這個部位發炎、鬆弛或斷裂，進而誘發肱骨頭的不穩定、關節盂下緣骨贅形成（**Bennett病變**）。

投球動作三、四期對肘部的負荷

內側側副韌帶損傷的主要原因，是加速期期間強大的外翻力作用於肘關節上，致使肘關節內側產生強大的牽引力；而**肱骨小頭分離性軟骨炎**（P212）的主要原因則是壓迫力作用於外側的肱橈關節所造成。

另一方面，收尾期期間腕關節從背屈轉為掌屈且前臂旋前的時候，會產生一股壓力作用於前臂屈肌群、旋前肌附著部的肱骨內上髁上，這同時也是造成**肱骨內上髁炎**（→P212）、**肱骨內上髁撕脫性骨折**等的主要原因。除此之外，因為肘關節強制伸展，鷹嘴和鷹嘴窩產生衝擊壓力，進而會引發**鷹嘴疲勞骨折**、**形成骨刺**（發炎或病變，因物理性刺激而長出像刺般的骨贅）、**鷹嘴窩游離體**（→P212）。

加速期與收尾期對肘部的負荷

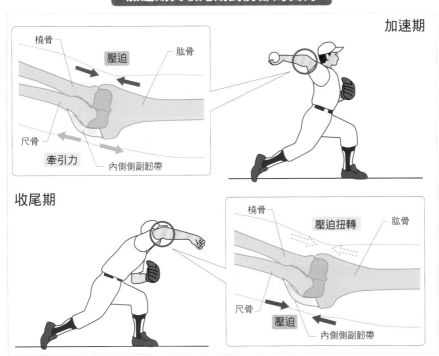

加速期

橈骨　　壓迫　　肱骨

尺骨　　牽引力　　內側側副韌帶

收尾期

橈骨　　壓迫扭轉　　肱骨

尺骨　　壓迫　　內側側副韌帶

依發生原因來分類

▶ 過度使用與錯誤使用是造成投手肩的主因

主因是手肘過度後拉的肩關節超角度

投手肩是指投球時因肩關節疼痛而無法如願將球投擲出去的狀態，是所有肩膀部位的投球運動傷害之總稱。不僅棒球的投球，舉凡網球發球、排球殺球、擲標槍等動作都可能造成同樣的運動傷害，這一類的肩部傷害，都含括在「**投手肩症候群**」中。

投球動作是將下肢、軀幹、上肢和全身上下產生的動力傳遞球上的運動，因此會反覆帶給肩部巨大的負荷。

投手肩不單只是肩關節的**過度使用**所造成，姿勢不正確或技巧不純熟使肩關節

錯誤使用造成投手肩

● 手肘低於肩膀的姿勢

負荷大

手肘高於肩膀　　標準的姿勢

● 手肘向後拉的姿勢

負荷大

旋轉不足

標準姿勢

足夠的旋轉

承受過大負荷的「**錯誤使用**」也是造成投手肩的原因之一。具體來說，就是肩關節後旋至最大時，軀幹的旋轉、胸椎的伸展、肩胛骨的內收運動若不足的話，會造成手肘被大幅度拉往肩胛平面後方。這樣的**肩關節超角度**（→P201）就是造成投手肩的罪魁禍首之一。

另一方面，縱使肩膀本身沒有問題，一旦前臂的旋前、髖關節的內轉和內收受到限制，盂肱關節在加速期至收尾期這段期間會被迫過度運動，而這也是造成投手肩的原因之一。

引發投手肩的各種疾患

具體來說，會引發投手肩的疾患有很多種，例如**肩峰下滑液囊炎**、**旋轉肌袖症候群**、**旋轉肌袖損傷**、**盂唇前後病變**、**夾擊症候群**等等。在復健治療方面，並非某種疾患就非得進行某些復健運動不可，最重要的是確實掌握患者在身體功能上的問題並進一步加以解決。

相關知識 **引發投手肩的疾患**

●**肩峰下滑液囊炎**
　因反覆的舉起肩關節，致使位於喙肩峰弓與股骨頭之間的肩峰下滑液囊不斷受到刺激而發炎。

●**旋轉肌袖症候群、旋轉肌袖損傷**
　構成旋轉肌袖的棘上肌、棘下肌、肩胛下肌、小圓肌的肌腱發炎或損傷所產生的病變。

●**盂唇前後病變**
　反覆投球動作致使肩盂唇（關節盂四周的軟骨組織）受損而產生的病變。

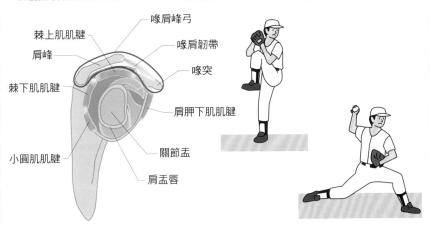

棘上肌肌腱
肩峰
棘下肌肌腱
小圓肌肌腱
喙肩峰弓
喙肩韌帶
喙突
肩胛下肌肌腱
關節盂
肩盂唇

肩部的自我檢測重點

▶ 投手肩可能是因為關節僵硬或肌力衰弱所造成

肩部可動範圍的自我檢測

　　會出現投手肩的疾患非常多樣化，但從功能問題來分類的話，可大致分為**關節僵硬問題**，以及**肌力衰弱**問題兩大類。

　　若從成長期開始就不斷進行投球動作，多數人的肩關節外轉可動範圍會逐漸增大，而內轉可動範圍會逐漸變小。這種現象也經常發生在一般健全的棒球球員身上，但患有投手肩的患者，內轉可動範圍變小的情況會更嚴重，與健側相比，有時甚至會縮小至20度以上。

　　若想知道自己有沒有投手肩的問題，有個簡單的方法可以自我檢測肩關節的內轉可動範圍。**先俯趴在平台上，將雙手繞到腰後，比較左右兩側手肘與平台之間的距離**。若內轉可動範圍變小的話，手肘與平台間的距離會變大。

　　另一方面，若要檢測肩關節上提的可動範圍，同樣的**先仰躺在平台上，高舉雙手，比較左右手臂垂下平台邊緣的程度**。

檢測旋轉肌袖的肌力

　　多數投手肩患者除了患部疼痛外，旋轉肌袖的肌力也都稍嫌不足。尤其是外轉肌（棘下肌、小圓肌）和外展肌（棘上肌），旋轉肌袖的肌力更是明顯不足。

　　若要檢測外轉肌的**旋轉肌袖肌力**，請先外展肩關節90度、屈曲肘關節90度，並將手肘至於桌面上，然後拿著2～3公斤的啞鈴重複進行外轉運動，透過比較左右兩手的疲勞程度，就可以知道是否有肌力不足的問題。另一方面，若要檢測外展肌的旋轉肌袖肌力，以手臂下垂且小指位於上方的握姿拿著啞鈴，重複進行肩胛平面上的外展動作，比較一下左右兩手的疲勞程度。除了檢測肌力外，有無不適或疼痛也是檢測重點之一。另外，若要檢測是否有**關節外夾擊症候群**，可透過在肩關節90度屈曲位下進行肩關節被動內轉運動的方式，或者一手固定肩胛骨，然後讓內轉的上臂壓向關節盂的同時進行外展運動（**夾擊徵象**）。透過這樣的方式，讓肱骨大結節撞擊喙肩韌帶，來誘發疼痛。

投手肩檢測方法

檢測盂肱關節的可動範圍

檢測內轉可動範圍

手肘與平台之間的距離愈大，表示肩部內轉可動範圍愈小。

檢測上提可動範圍

愈是無法垂下平台邊緣，表示肩部上提可動範圍愈小。

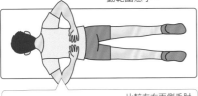

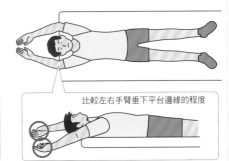

比較左右兩側手肘與平台的距離

比較左右手臂垂下平台邊緣的程度

檢測旋轉肌袖的肌力

檢測外轉肌的肌力

進行外轉運動，比較左右兩手的疲勞程度。

檢測外展肌的肌力

進行外展運動，比較左右兩手的疲勞程度。

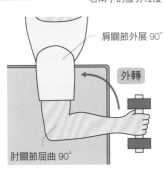

肩關節外展 90°

外轉

肘關節屈曲 90°

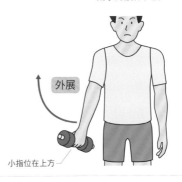

外展

小指位在上方

檢測關節外夾擊症候群的方法

內轉肩關節

邊壓迫肩關節邊外展

確認是否會誘發疼痛。

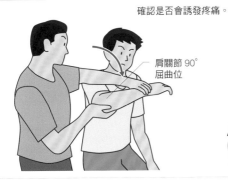

肩關節 90° 屈曲位

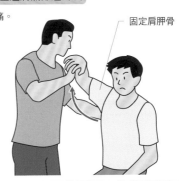

固定肩胛骨

復健運動的方法

為擴大肩部可動範圍，針對有問題的部位進行伸展運動

投手肩的 伸展運動	檢測肩部的可動範圍，若覺得哪個部位或往哪個方向運動時有緊繃感，就以那個部位或那個方向為主，進行伸展運動。進行伸展運動時，若發現有夾擊的疼痛感，就不要勉強繼續下去。

●水平內收方向的自主伸展運動

於站立位或坐位狀態下，患側手肩關節屈曲90度，然後以健側手將患側手手肘壓向健側手肩關節處，進行水平內收運動。

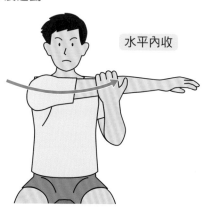

水平內收

●內轉方向的 自主伸展運動

站在牆邊，患側手肩關節屈曲90度，上臂至手肘貼在牆壁上，以健側手將患側手向下壓，進行肩關節內轉運動。

內轉

●往肩關節最大後旋姿勢的 自主伸展運動

患側手肩關節外展、外轉後拿著一支球棒或棍子。健側手握住棍子的另一端，將棍子往前方移動讓肩關節進行外轉運動。

外轉

投手肩的旋轉肌群訓練

雖然強化肩關節的動態穩定結構－旋轉肌群是非常重要的訓練，但無需如同鍛鍊深層肌肉（→P18）般進行高負荷的訓練，只要簡單使用啞鈴或彈力帶等道具就可以。啞鈴的話，大概2公斤左右；彈性帶的話，強度也不需要太大。

●外轉肌（外轉運動）

外轉

彈力帶

肩部外轉運動
將彈力帶綁在門把或家具上，高度與自己的手肘同高。患側手自然垂放在身邊，夾緊腋下（或者保持一個拳頭的距離），手肘彎曲90度拿著彈力帶。將彈力帶由內側往外側拉，拉動時注意不可改變手肘的姿勢。

●內轉肌（內轉運動）

內轉

肩部的內轉運動
彈力帶綁著不變，人移動到彈力帶的另外一側。彎曲手肘呈直角，同樣拿著彈力帶，將彈力帶由外側往內側拉，拉動時注意不可改變手肘的姿勢。

●外展肌（外展運動）

外展

肩部的外展運動
站立位狀態下，將彈力帶其中一端踩在健側腳的腳跟下，伸直患側手手肘，以小指位於上方的握姿握緊彈力帶（彈力帶要位於身體後方）。患側手臂向斜前方上提（手肘保持伸直狀態）。若疼痛症狀嚴重的話，改以大拇指位於上方的握姿握緊彈力帶。

肩帶周圍肌肉的強化運動

所有旋轉肌群的起點都在肩胛骨，要發揮旋轉肌群的肌力，維持肩胛胸廓關節的穩定性是非常重要的。多數投手肩的患者都有斜方肌下段纖維肌力衰弱的情況，所以在俯趴，雙手上舉的姿勢下，下壓肩胛骨的強化肌力運動是非常重要的復健運動之一。

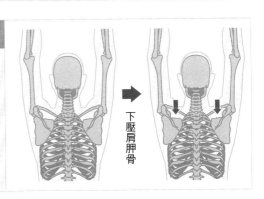

下壓肩胛骨

練習不會造成肩膀負荷的投球方法

▶ 不過度內轉或外轉肩關節的投球動作

下勾投法	以壘球投手使用的下勾投法來檢視前臂的旋前動作。在投球動作的收尾期，前臂旋前，若手背向上就沒有問題，但如果沒有的話，就要增強前臂旋前意識。

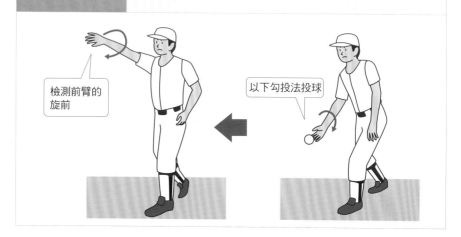

檢測前臂的旋前

以下勾投法投球

側肩投法	採站立姿勢，在不動雙腳的狀態下向側邊投球，投球時要強烈意識肩胛骨的內收動作。若肩胛骨的內收動作不夠，手肘就難以往上抬舉。

檢測肩胛骨的內收

向側邊投球

關鍵是「軀幹的旋轉與前臂的旋前、旋後」

投球動作會帶給肩關節（盂肱關節、肩峰下關節）很大的負荷，但還是有可以盡量減輕負荷的投球方法。關鍵就在於「**不要過度內轉、外轉，要利用軀幹的旋轉與前臂的旋前、旋後**」。要時常將這個概念擺在腦海裡，按照這個方式投球，並隨時確認身體各部位的動作。

<table>
<tr><td>

坐姿練投

坐在沒有椅背的椅子上投球，檢測身體軀幹是否確實旋轉。軀幹旋轉不足的話，上肢的動作在收尾期會終止於軀幹前方。軀幹確實旋轉的話，上肢在收尾期會來到對側的腋下。接下來，當手臂最大後旋時，要確實旋轉軀幹，讓上肢來到與收尾期相反的對角線處。

</td><td>

反側腳練投

投球側的腳向前踏出，身體重量從前腳移動至後腳，我們從這樣的投球動作來觀察源自於下半身的動力鏈過程。投球時要有意識的將身體重量擺在非投球側的腳上，接著張開左右腳，同樣有意識的邊移動身體重量邊投球。

</td></tr>
</table>

坐在椅子上投球

檢測軀幹是否確實旋轉

投球側的腳向前踏出，然後投球

檢測下半身的動力鏈

按照發生原因分類

投手肘分為內側型、外側型與後側型

發生在肘部的運動傷害通常稱為「**投手肘**」（或棒球肘），是指投球時因手肘的不適與疼痛而無法如願的將球投擲出去的狀態。是妨礙投球的手肘病變之總稱，分為**內側型**、**外側型**、**後側型**三種。

具體而言，內側型包含**內側側副韌帶損傷**、腕關節及手指屈肌起始部位的**肱骨內上髁炎**；外側型有肱骨小頭的軟骨下骨及關節軟骨壞死的**肱骨小頭分離性軟骨炎**；而後側型則包含**鷹嘴疲勞性骨折**，以及關節囊內存在不與關節結構體連結在一起的小骨片、軟骨（亦稱**關節鼠**）之鷹嘴窩游離體。

另外，有些常投球的人會反應有手指發麻的問題，這多半是前臂至手部尺側受損，可能是胸廓出口症候群或肘隧道症候群等疾患所造成。病情若惡化，可能會出現手指肌力衰落或小魚際肌群萎縮的情況。所以，若發現有類似這樣的症狀，建議立即前往醫院接受專門治療。

投手肘的種類

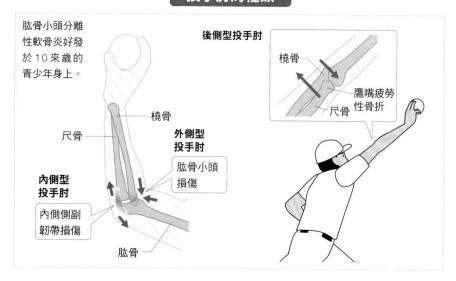

肱骨小頭分離性軟骨炎好發於10來歲的青少年身上。

後側型投手肘

橈骨

鷹嘴疲勞性骨折

尺骨

橈骨

尺骨

外側型投手肘

肱骨小頭損傷

內側型投手肘

內側側副韌帶損傷

肱骨

投球對手肘的負荷

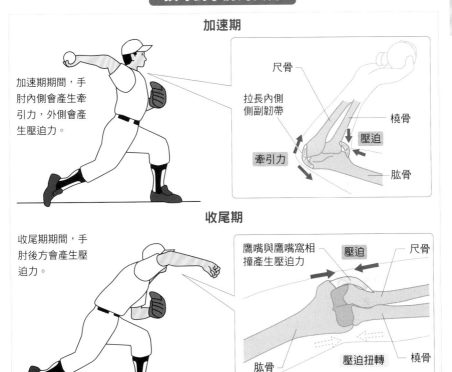

加速期

加速期期間,手肘內側會產生牽引力,外側產生壓迫力。

尺骨

拉長內側側副韌帶

橈骨

壓迫

牽引力

肱骨

收尾期

收尾期期間,手肘後方會產生壓迫力。

鷹嘴與鷹嘴窩相撞產生壓迫力

壓迫

尺骨

肱骨

壓迫扭轉

橈骨

加速期	肩關節會從水平外展位迅速內收,同時從過度外轉位迅速內轉。這時候位於球與肩關節中間的肘關節會承受強烈的外翻力,進而在肘關節內側牽引肱尺關節、拉長**內側側副韌帶**,長期下來容易造成**損害與發炎**。 至於在肘關節外側,外翻力會壓迫肱橈關節,長期壓迫、刺激肱骨小頭,容易導致**肱骨小頭分離性軟骨炎**。
收尾期	在收尾期期間,雖然上肢動作急遽減速,但這會致使肘關節強制伸展。因此鷹嘴與鷹嘴窩會相互撞擊,這是導致**鷹嘴疲勞性骨折或鷹嘴窩游離體的主要原因**。

手肘的自我檢測重點

▶ 肘關節有大約10°～15°的外偏角

檢測有無內側側 副韌帶損傷	倘若罹患內側側副韌帶損傷，肘關節處於輕度屈曲位下，他動外翻肘關節的時候，肘關節會隨著外偏角（提物角）的增大而出現外翻不穩定與內側疼痛的情況。

●外偏角（提物角）

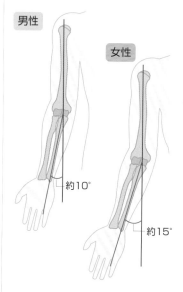

男性

女性

約10°

約15°

肘關節的骨列，男性約有10度的外偏角，女性約有15度的外偏角。

●肘外翻壓力試驗

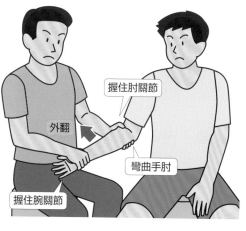

握住肘關節

外翻

彎曲手肘

握住腕關節

外翻肘關節時，檢測是否有下列情況。
●外翻不穩定的程度
●內側疼痛

於肘關節內側施加外翻力，檢測是否有內側側副韌帶損傷的情況。

檢測肩關節柔軟度	若肩關節的外轉受到限制，在加速期（→P165）期間對肘關節的外翻壓力就會增加，因此檢測肘關節的柔軟度也是十分重要的環節。若是後側型投手肘，除了疼痛外，多半會有**肘關節伸展受限**的情況，必須左右兩手互相比較。

棒球 ❽ 投手肘
復健運動的方法

▷ 罹患投手肘，前臂肌群的肌力強化訓練與伸展運動非常重要

多加強經過肘關節的前臂肌群

　　若肩關節的柔軟度有問題，就必須加強**肩關節的伸展運動**（→P208），而針對經過肘關節的**前臂肌群**，**強化其肌力和伸展性**也是不可欠缺的復健運動。

　　另一方面，若是內側側副韌帶損傷，可並用貼紮提升治療效果。沿著上臂內側和前臂內側貼上貼布，然後於肘關節內側交錯。

前臂肌群的肌力強化訓練與伸展運動

●前臂屈筋群	●前臂伸肌群
肌力強化（曲腕）	**肌力強化（反向曲腕）**
患側前臂旋後位，手握1～2公斤的啞鈴進行掌屈運動。	患側前臂旋前位，手握1～2公斤的啞鈴進行背屈運動。

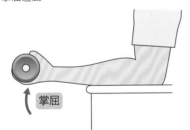

掌屈

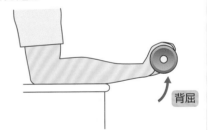

背屈

伸展運動	**伸展運動**
患側前臂旋後位，健側手協助患側手被動進行腕關節至手指的背屈運動。	患側前臂旋前位，健側手協助患側手被動進行腕關節至手指的掌屈運動。

背屈

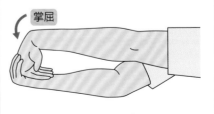

掌屈

競賽特性與容易發生的運動傷害

▶ 以踢為主的競賽運動常會發生足部運動傷害

踝關節扭傷是足球運動中最常發生的運動傷害

足球，兩隊各派11名球員上場，將球踢進對方的球門就算得分，以得分較多者獲勝。

除了守門員外，基本上其他球員都不可以蓄意使用上肢，因此選手主要都仰賴雙腳來移動球。不過，使用上肢以外的其他身體部位也可以，以額頭頂球的方式也十分常見。

足球中常見的踢法有**腳背踢**、**腳內踢**、**腳跟踢**等等，選手依比賽當下的情況選擇最適合的踢法（→P168）。因為大量使用足部，所以足球競賽中最常發生運動傷害的部位就是足部，而最具代表性的運動傷害是**踝關節扭傷**。

踝關節扭傷的發生與預後

美國大學運動選手的調查研究報告指出，**踝關節扭傷**約佔所有外傷的15％，是競賽運動中發生頻率最高的一種（是膝前十字韌帶損傷的5倍左右）。發生踝

相關知識	**扭傷的定義**

扭傷是指超越關節生理可動範圍的運動造成韌帶損傷，而韌帶完全斷裂也涵蓋在其中。但根據醫療相關人員表示，多數人都將扭傷解釋為「韌帶的輕微損傷」，沒有進行適當的醫療處置，也因此容易演變成殘留疼痛感、不穩定感、容易習慣性扭傷的陳舊性外側韌帶損傷。

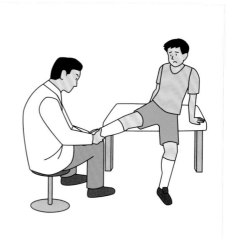

關節扭傷的頻率很高，造成經濟上莫大的損失，光是美國高中的足球、籃球選手在治療踝關節扭傷的費用，一年就高達11億美元。

80％以上的腳踝扭傷是**內翻扭傷**，會引發外側韌帶的**前距腓韌帶**與跟**腓韌帶損傷**。以具體的情況來說，當不小心踩在他人腳上，或者在凹凸不平地面上跑步的時候，容易因為絆倒而扭傷。

內翻扭傷不僅發生率高，復發率也非常高，根據臨床報告顯示，有70％以上的復發率。內翻扭傷之所以高復發率，其中一個原因是很多選手受傷後沒有接受充分的治療與復健運動，覺得傷勢好轉後就即刻回歸運動場。根據統計結果，約有4％的選手因為踝關節扭傷而不得不引退，而約有5％的選手被迫轉換運動跑道。

扭傷的肢位

● 被雜草絆倒腳
● 被凹凸不平地面絆倒

踝關節蹠屈位下，因距腿關節放鬆，所以容易引發內翻扭傷。

內翻扭傷

踩在別人腳上

內翻扭傷

踝關節的機能解剖

▶ 蹠屈時強制過度內翻或外翻，容易發生踝關節扭傷

距腿關節加上足部關節的運動

距腿關節是個只進行蹠屈與背屈的單軸關節，但加上以距下關節為首的足部各關節運動，就能夠擁有三維空間的運動。

距腿關節由脛骨下端關節面、外髁與內髁形成的關節窩（ankle mortise）及距骨滑車所構成。距骨滑車前寬後窄，當踝關節背屈時，較寬的前半部會進入關節窩中；踝關節蹠屈時，較窄的後半部會進入關節窩中。亦即距骨狹窄的後半部隨著蹠屈動作滑進關節窩時，距骨會在關節窩裡遊走，而韌帶便會開始發揮支撐的功用。於是，在蹠屈時強制過度內翻或外翻的話，就容易發生**韌帶損傷**（踝關節扭傷）的情況。

外側韌帶由腓骨外髁至距骨前外側的**前距腓韌帶**、腓骨外髁至跟骨外側的**跟腓韌帶**，以及腓骨外髁至距骨後突外側結節的**後距腓韌帶**所構成。**前距腓韌帶**在蹠屈和旋後時會拉緊，而**跟腓韌帶**則是在背屈與旋後時拉緊。

距骨滑車與蹠屈、背屈時的脛腓關節運動

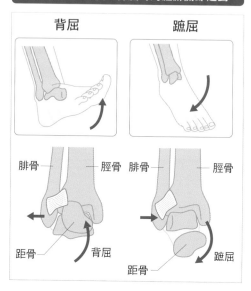

背屈　　　　蹠屈

腓骨　　脛骨　腓骨　　　　脛骨

距骨　　背屈　　　　　　距骨　　蹠屈

踝關節的韌帶

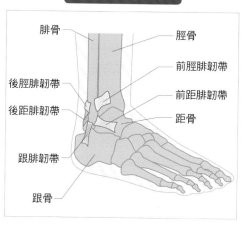

腓骨　　　　　　　　　脛骨

後脛腓韌帶　　　　　　前脛腓韌帶

後距腓韌帶　　　　　　前距腓韌帶

距骨

跟腓韌帶

跟骨

病況與症狀

> 構成足踝外側韌帶的前距腓韌帶最容易在內翻位下受傷

與健側互相比較，評估穩定性

足踝外側的三條韌帶是踝關節扭傷時最常受傷的組織，其中以**前距腓韌帶**最容易受損。蹠屈位下關節窩鬆動，再加上前距腓韌帶在蹠屈位時韌帶走向與小腿軸一致，因此一旦踝關節內翻的話，就容易受傷。

受傷後，以患部為中心會有腫脹、自發痛、運動痛、觸痛和不適感等症狀。除此之外，多數患者在受傷時還會聽到「啪」之類的斷裂聲。另一方面，在客觀症狀方面，內翻、向前移動時會有搖晃感，但傷勢輕微的話，這種症狀並不明顯。慢性損傷的患者多主訴疼痛與不穩定的感覺，疼痛部位除了損傷的患部外，踝關節附近也會有疼痛的感覺。

在評估穩定性方面，有**前拉試驗**與**內翻試驗**等等，皆利用與健側互相比較的方式進行評估。

踝關節不穩定性的評估

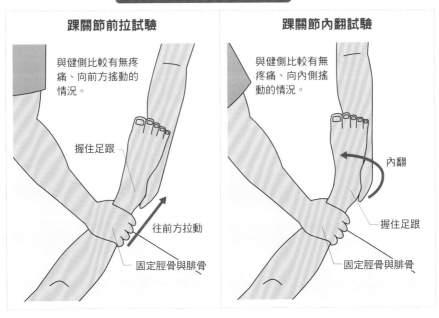

踝關節前拉試驗

與健側比較有無疼痛、向前方搖動的情況。

握住足跟

往前方拉動

固定脛骨與腓骨

踝關節內翻試驗

與健側比較有無疼痛、向內側搖動的情況。

內翻

握住足跟

固定脛骨與腓骨

復健運動的方法

▶ 盡早開始關節可動範圍與神經－肌力的訓練

踝關節扭傷多採取保守治療

一般來說，踝關節扭傷時多會採取**保守治療**，但如果扭傷情況嚴重，則適合採用**外科手術治療**。近年來，保守治療中的石膏固定期間逐漸縮短，而且根據某些研究報告指出，使用繃帶、矯具等的固定期間不宜過長，應該及早開始增加承重，進行關節可動範圍與神經－肌肉等復健運動才是最好的治療方式。

關節可動範圍訓練與肌力強化訓練

以下將針對嚴重扭傷的保守治療與一般復健運動進行解說。

一旦發生突發性運動傷害，要徹底遵循**RICE緊急處理原則**（→P183）進行處置，早期防止發炎的情況惡化。接下來，情況嚴重的病例多半會以石膏從膝下固定至蹠趾關節近端附近，固定時間大約2個星期。固定期間可以進行中趾的主動運動，或者利用彈力帶進行肌力的強化訓練。拆下石膏後穿戴矯具，就可以開始進行旋流溫水浴等溫熱療法和主動**關節可動範圍訓練**。針對內翻方向的運動，要在不會疼痛的程度下小心進行各項訓練；至於不會拉扯到受傷韌帶的運動方向，則要積極進行蹠間關節和趾間關節的被動運動。如果留下背屈受限的後遺症，恐會妨礙身體的上下運動，所以除了徒手進行被動運動外，還要利用**伸展板**進行伸展運動，以確保完整的背屈可動範圍。

肌力強化訓練方面則利用彈力帶從踝關節附近的肌肉開始。尤其是構成外側動態穩定結構的腓肌，**加強腓肌肌力**是非常重要的訓練之一。除此之外，還可以利用腳趾夾毛巾的方式強化腳趾屈肌群的肌力。

以疼痛程度為指標來決定部分承重還是全

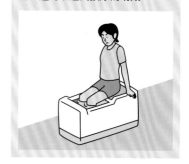

> **相關知識　旋流溫水浴**
>
> 旋流溫水浴是水療法的一種。水槽中放滿熱水，透過特殊循環流動的水壓，除了具有熱水的溫熱效果外，還可以達到按摩的功效。

利用伸展板訓練關節可動範圍

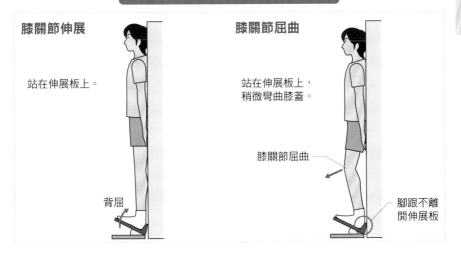

膝關節伸展

站在伸展板上。

背屈

膝關節屈曲

站在伸展板上，
稍微彎曲膝蓋。

膝關節屈曲

腳跟不離
開伸展板

強化踝關節周圍肌肉的肌力

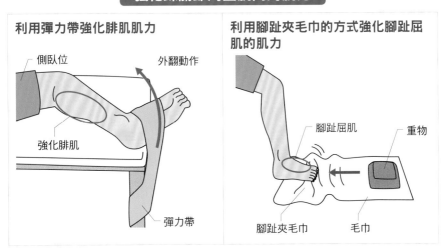

利用彈力帶強化腓肌肌力

側臥位

外翻動作

強化腓肌

彈力帶

利用腳趾夾毛巾的方式強化腳趾屈肌的肌力

腳趾屈肌

重物

腳趾夾毛巾

毛巾

承重，但基本上保護矯具要穿戴2個月左右。當身體能夠全承重，進行深蹲和提腳跟訓練的同時，也可以開始活用**平衡板**（平衡墊、平衡盤）進行能夠有效預防踝關節扭傷再度復發的本體感受器訓練（神經－肌肉訓練）。八週之後，在穿戴保護矯具的狀態下可以開始慢跑，也可以進行跑步、側步跳等腳力訓練。拿掉保護矯具後，在從事競賽運動時改以貼紮保護，以3個月再度回歸運動場為目標。

預防再度復發的訓練

▶ 預防再度復發的重點在於平衡訓練與穿戴保護矯具

再度復發的最大原因是關節不穩定

踝關節扭傷是高復發率的運動外傷之一，因此，學會如何**預防再度復發是非常重要的**。再度復發最大原因是**關節不穩定的後遺症**，反覆的踝關節扭傷會致使功能不穩定的人在遇到突發性的強制內翻時，腓肌的反應時間較一般健全人延遲。

以高中足球選手為對象的研究報告中，有無踝關節扭傷病史在非接觸型踝關節扭傷復發率上有顯著性差異，有踝關節扭傷病史的人復發率明顯較高；而 **BMI 值高的人**也比 BMI 值標準的人有較高的非接觸型踝關節扭傷復發率。也就是說，踝關節扭傷病史和肥胖會使再度發生踝關節扭傷的機率變高。

平衡訓練與外部支撐、固定

在預防踝關節再度復發的對策上，專業醫師從以前就十分推崇利用平衡盤的**平衡訓練**。根據一份排球選手進行平衡訓練的研究報告顯示，進行平衡訓練可以顯著降低有踝關節扭傷病史的人再次復發的機率。

另外還有一個可以預防踝關節扭傷再度復發的方法，那就是**利用保護矯具和貼紮從外部加以支撐與固定**。踝關節矯具分為好幾種類型，以預防扭傷再復發的矯具來說，有抑制內翻、外翻，但不會限制蹠屈、背屈，僅從內外側加以支撐的**semirigid brace**，以及**加裝八字帶的護踝矯具**等。在站立位狀態下實際摹擬扭傷的情況，發現 semirigid brace 確實有抑制內翻、外翻的效果，往蹠屈、背屈方向運動時也不太會產生抵抗力矩。

踝關節扭傷是復發率非常高的運動傷害之一。

　　除此之外，報告也指出踝關節矯具不但具有物理性的抑制效果，還可以透過增加來自皮膚受容器的回饋以提升**關節本體感覺**（將關節位置傳導至中樞，以進行運動調整的感覺）。

　　有鑑於許多臨床報告皆顯示踝關節矯具能夠有效預防回歸運動場後的踝關節扭傷再復發，所以再次開始跑步或進行各種腳力訓練時，建議能夠使用矯具來加以保護。

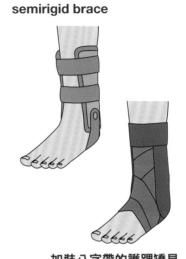

踝關節矯具

semirigid brace

加裝八字帶的護踝矯具

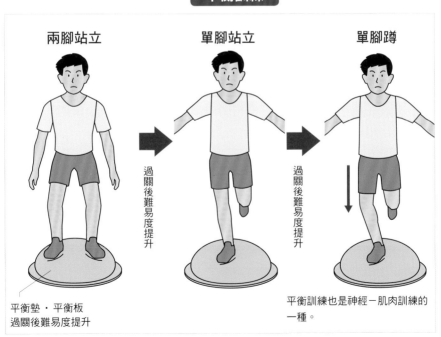

平衡訓練

兩腳站立　　　　單腳站立　　　　單腳蹲

過關後難易度提升

過關後難易度提升

平衡墊・平衡板
過關後難易度提升

平衡訓練也是神經－肌肉訓練的一種。

橄欖球 ❶
競賽特性與容易發生的運動傷害

▶ 多下肢運動傷害，尤其以膝關節的膝內側側副韌帶損傷之發生機率最高

因競賽特性，受傷部位多在下肢

橄欖球，兩隊各派15名球員上場，帶球衝到對方球門線後方，以球觸地就算得分，以得分較多者獲勝。

橄欖球與足球不同，用身體哪個部位碰球都可以，反覆的進行擒抱、正集團、亂集團、鎖球等激烈的身體接觸動作來互相奪球。因此，運動中容易發生外傷，甚至可能發生**頭部外傷、腦震盪、頸部傷害**等嚴重的運動傷害。然而，橄欖球造成的運動傷害以**下肢**居多，尤其是膝關節的**膝內側側副韌帶損傷**。

膝內側側副韌帶損傷的受傷機轉與症狀

膝內側側副韌帶損傷是急性傷害中發生機率最高的一種，因外翻力、外轉力作用於膝關節所造成。在橄欖球等肢體接觸性運動中，當膝外側遭人從旁撞擊，膝關節因此被強制外翻、外轉時，膝蓋就容易受傷。

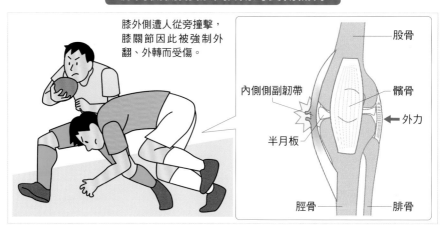

膝內側側副韌帶損傷的受傷機轉

膝外側遭人從旁撞擊，膝關節因此被強制外翻、外轉而受傷。

股骨

內側側副韌帶

髕骨

←外力

半月板

脛骨

腓骨

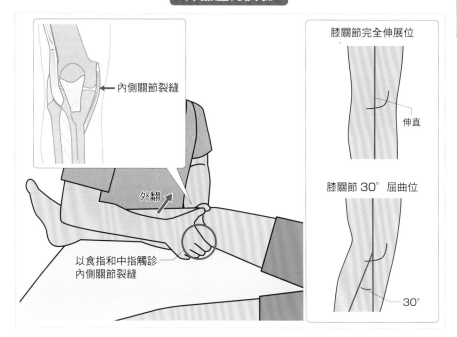

外翻壓力試驗

內側關節裂縫

外翻

以食指和中指觸診
內側關節裂縫

膝關節完全伸展位

伸直

膝關節 30°屈曲位

30°

根據臨床研究報告，膝內側側副韌帶損傷患者若能在受傷後早期開始搭配保護矯具的復健運動，比起外科手術治療，下肢肌力的恢復情況會比較好。因此，針對單純的膝內側側副韌帶損傷，原則上都採用**保守治療**。另外，根據實驗結果顯示，膝內側側副韌帶要完全復原，多活動膝關節是不可或缺的一個重要步驟，也因此保守治療中的石膏固定不再是一個必要的過程。

膝內側側副韌帶的主要臨床症狀有膝關節內側的疼痛與關節腫脹，但自覺症狀相對較少，且股四頭肌的肌力不足時，身體會以其他動作或力量進行代償，因此往往容易遭到忽視。

膝內側側副韌帶損傷造成的不穩定評估

要評估膝內側側副韌帶損傷造成的不穩定，可以透過**外翻壓力試驗**。仰躺姿勢下，將患者小腿夾於腋下，施以膝關節外翻壓力，以食指和中指觸診內側關節裂縫，確認裂縫的大小。在膝關節完全伸展位與30度屈曲位下與健側進行比較，若呈陽性，表示有膝關節外翻不穩定的情況。在伸展位下，若有明顯的外翻不穩定，疑似合併前十字韌帶等其他韌帶損傷的問題。

治療方法與預防方法

▶ 急性發炎期過後，穿戴膝用矯具開始承重

穿戴預防膝外翻的保護矯具

如前所述，近年來針對單純的膝內側側副韌帶損傷多採用**保守治療**。在發炎的急性期，要及早進行以冰敷為主的**RICE緊急處理原則**（→P183）以防止發炎惡化。使用枴杖，若承重疼痛情況嚴重的話，就採用非承重行走（無需承擔體重的行走方式）。

等急性發炎期過後，為防止膝外翻，要**穿戴加強大腿、小腿外側及膝關節內側三點支撐的膝用保護矯具**開始進行承重訓練。以疼痛和腫脹為指標，盡可能從部分承重開始循序漸進至全承重。

膝內側側副韌帶損傷專用膝部護具

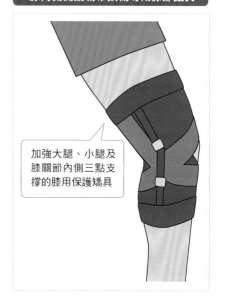

加強大腿、小腿及膝關節內側三點支撐的膝用保護矯具

強化股內側肌、內側大腿後肌

若要預防膝外翻不穩定，就要**強化股四頭肌的肌力，尤其是股內側肌**。運動時若膝關節疼痛的話，針對股內側肌進行電刺激；針對股四頭肌，尤其是股內側肌進行等長運動（→P80）以強化肌力。疼痛獲得緩解後，配合肌力恢復程度，**利用彈力帶和運動器材積極進行前抬腿運動**。這時候要避免膝關節外翻、外轉時帶給膝內側側副韌帶壓力，因此在伸展膝關節時，要有意識的內轉髖關節與膝關節。

強化動態內側結構的內側大腿後肌也非常重要，在疼痛緩解之後，進行下肢屈曲運動，邊內旋小腿邊有意識的收縮內側大腿後肌。

等到關節可動範圍擴大，可以踩腳踏車後，就**利用固定式腳踏車進行承重訓練**。

就算增加承重，只要沒有疼痛症狀，就可以開始進行**下肢推舉、深蹲等強化肌力的訓練，或者使用不穩定平衡板進行平衡訓練**。

以自覺症狀與肌力為指標，在穿戴保護矯具或貼紮的狀態下，從慢跑開始進入腳力訓練，期待能在2～3個月後回歸運動場上。

膝內側側副韌帶損傷後的肌力強化

股四頭肌等長運動

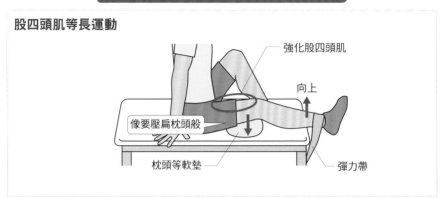

強化股四頭肌

向上

像要壓扁枕頭般

枕頭等軟墊

彈力帶

強化內側大腿後肌（邊內旋膝關節邊屈曲下肢）

內旋

強化臀大肌、股四頭肌（下肢推舉）

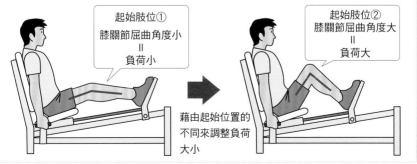

起始肢位①
膝關節屈曲角度小
＝
負荷小

起始肢位②
膝關節屈曲角度大
＝
負荷大

藉由起始位置的
不同來調整負荷
大小

復健運動的方法

▶ 嚴重的肩鎖關節脫臼，採取外科手術治療

肩鎖關節脫臼發生於肩關節直接遭到猛力撞擊時

　　橄欖球等身體接觸型的競賽運動或跌倒等直接強力撞擊肩關節的時候，若感到肩峰周圍疼痛、上肢上提有困難，可能疑似**肩鎖關節損傷**。尤其是在肩關節內收位下，肩峰撞擊地面的話，就是非常典型的肩鎖關節損傷。肩鎖關節損傷的程度可分為**輕度（扭傷）、中度（半脫位）、重度（脫臼）**三級，也可以再細分為六型。

　　肩鎖關節損傷的臨床症狀有肩鎖關節周圍疼痛、腫脹，若脫臼的話，鎖骨遠端會浮起變形，按壓會有浮動的現象（這種現象稱為「**琴鍵現象**」）。

復健運動從肩胛骨運動與單擺運動開始

　　肩鎖關節損傷的治療方法眾說紛紜，但一般而言，輕度至中度適合採用**保守治療**，重度才考慮進行**外科手術治療**。

　　輕度肩鎖關節損傷，先冰敷或貼貼布，待疼痛緩解後再開始活動肩膀，大約1～2週就可以回到運動場上。中度肩鎖關節損傷，以三角巾或矯具固定三個星期左右後，就可以開始進行復健運動。若是脫臼等重度肩鎖關節損傷，多半會進行以**鉤鋼板**固定的外科手術治療。若進行外科手術治療，則在術後以三角巾先固定2～3週，然後再開始進行復健運動。

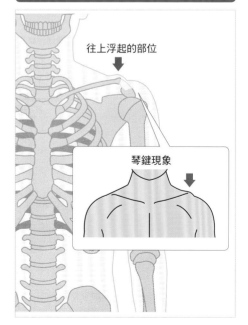

鎖骨遠端浮起現象

往上浮起的部位

琴鍵現象

在復健運動方面，從肩胛骨運動與**單擺運動**開始，然後再循序進入**主動運動**。以疼痛程度為指標，進行肌力強化訓練，因下垂姿勢下的旋轉運動不太會動用肩胛骨，所以可以及早開始。接著再進一步進行斜方肌和菱形肌等作用於肩胛骨胸廓運動的肌肉之肌力強化訓練。

只要肌力恢復後就可以回歸運動場，但基本上，**保守治療的話需要1～2個月，而外科手術治療的話則需要2～3個月。**

手術與限制動作的矯具

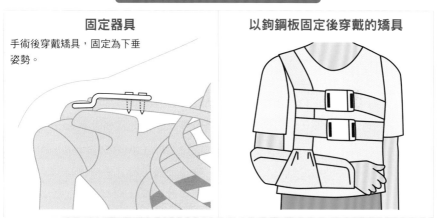

固定器具

手術後穿戴矯具，固定為下垂姿勢。

以鉤鋼板固定後穿戴的矯具

相關知識 **單擺運動**

單擺運動是肩關節的輔助主動運動。向行禮般前屈上半身，健側手確實扶住固定物，患側上肢放鬆下垂。藉由前後、左右晃動上半身的動作來活動肩關節，擴大可動範圍。

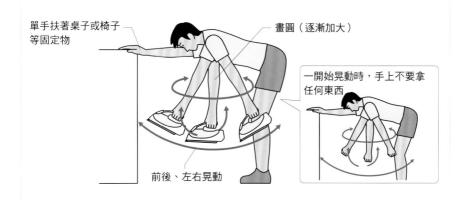

單手扶著桌子或椅子等固定物

畫圓（逐漸加大）

一開始晃動時，手上不要拿任何東西

前後、左右晃動

競賽特性與容易發生的運動傷害

▶ 網球競賽的代表性運動傷害是阿基里斯腱斷裂與網球肘

下肢較上肢容易受傷

網球，2名球員（雙打是2對2，共4人）隔著球網，利用網球拍將球互相擊回對方場區內的競賽。

職業選手取得1分的所需時間平均是7秒左右，在這麼短的時間內要不停來回奔跑與轉身，據說每取得1分，平均要轉換方向8.7次。另外，一場比賽有三回合，所需時間大約是1小時又30分鐘，若比賽到五回合，則可能持續5個多小時。亦即，網球是一種需要**無氧能量與有氧持久力雙管齊下的競賽**。

以受傷部位來說，下肢較上肢容易發生運動傷害，下肢多急性外傷，而上肢則偏向累積性傷害。代表性傷害有下肢的阿基里斯腱斷裂，以及上肢的網球肘。

阿基里斯腱斷裂的受傷機轉

踩踏動作　　　　　　　　　　　　**跳躍動作**

小腿三頭肌強烈收縮時，突如其來的外力拉扯肌肉，進而導致阿基里斯腱斷裂。

阿基里斯腱斷裂的症狀與治療

阿基里斯腱斷裂是急性傷害中最具代表性的一種運動傷害，除了網球競賽外，也常發生在籃球或足球競賽中。當小腿三頭肌強烈收縮時，突如其來的撞擊或外力拉扯肌肉，導致阿基里斯腱斷裂。具體而言，當進行**跳躍動作**、**踩踏動作**或**後退**時，都可能導致阿基里斯腱斷裂。

受傷時的自覺症狀有阿基里斯腱一帶有突然被人踢到的感覺，或是像被球用力砸到的感覺，但其實當下並不會非常痛，而且受傷後仍然可以繼續行走，但無法踮腳尖。從外觀上來看，阿基里斯腱斷裂的部位呈現凹陷，若再加上有上述的主訴症狀，就可以診斷為阿基里斯腱斷裂。

治療方法可分為以石膏固定的**保守治療**與進行外科縫合的**手術治療**（術後再以石膏固定）兩種。保守治療的優點是無需住院，因此比較沒有受到感染的風險，但再次斷裂的可能性會較手術治療來得高。有鑑於此，愛好運動的人多半會選擇進行外科手術治療。

阿基里斯腱斷裂的復健運動

進行完阿基里斯腱的縫合手術後，復健運動方式會因醫療機構或主治醫師的策略而有些許不同。

阿基里斯腱斷裂後的凹陷

凹陷（足跟上方的凹陷處）

阿基里斯腱斷裂

受傷後，阿基里斯腱的斷裂處會呈現凹陷。無法作出踮腳尖的動作。

一般來說，手術過後會以**石膏將膝下至蹠趾關節固定在踝關節蹠屈位下**數週。穿高跟鞋讓鞋跟支撐重量的行走方式，亦即在蹠屈位下僅由足跟來負荷體重，如此一來阿基里斯腱就不會被拉長。若能穿上有鞋跟的步行石膏鞋，就能及早恢復一般的承重行走。另一方面，在踝關節被石膏固定住的這段期間，為避免患部以外的肌力衰退，一定要進行相關訓練。

固定數週後，拆掉石膏改穿戴**阿基里斯腱專用矯具**。這種特殊矯具在足跟部位加裝鞋墊，如此一來，踝關節就能持續維持在蹠屈位。加裝在足跟部位的鞋墊有好幾片，隨著術後時間的經過逐一取出，**讓踝關節從蹠屈位慢慢恢復成背屈位**，亦即讓小腿三頭肌與阿基里斯腱逐漸伸長。

穿戴專用矯具的初期，因患側猶如穿了高跟鞋，所以健側的鞋子也必須增高才行，在復健運動外的日常生活中要隨時穿戴著專用矯具。

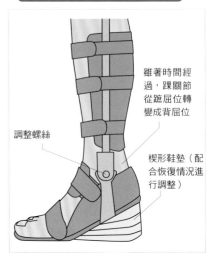

阿基里斯腱專用矯具

調整螺絲

雖著時間經過，踝關節從蹠屈位轉變成背屈位

楔形鞋墊（配合恢復情況進行調整）

術後大約4週之後進行旋流溫水浴療法（→P220）等溫熱療法，接著進行**蹠屈、背屈的主動運動**，以及**端坐姿勢下的足跟滑動運動**，大約6週後就可以開始進行小腿三頭肌至阿基里斯腱的被動伸展運動。

端坐姿勢下的足跟滑動運動

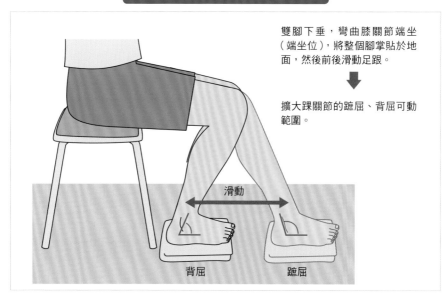

雙腳下垂，彎曲膝關節端坐（端坐位），將整個腳掌貼於地面，然後前後滑動足跟。

↓

擴大踝關節的蹠屈、背屈可動範圍。

滑動

背屈　　　　蹠屈

在**端坐姿勢下進行踮腳尖運動**，以及**利用彈力帶進行蹠屈運動**，這些都可以有效強化小腿三頭肌的肌力。術後大約6週以後，可以開始進行雙腳踮腳尖運動，先從雙腳開始，然後配合肌力改為單腳。大約7週以後，拿掉所有矯具上的鞋墊，當蹠屈、背屈可以呈0度時，就可以拆掉專用矯具。

術後大約12週，可以單腳踮腳尖時即可開始慢跑，然後再逐漸加快速度。術後大約16週，可以開始快速衝刺和跳躍，以第20週回歸運動場為目標。

強化小腿三頭肌的肌力

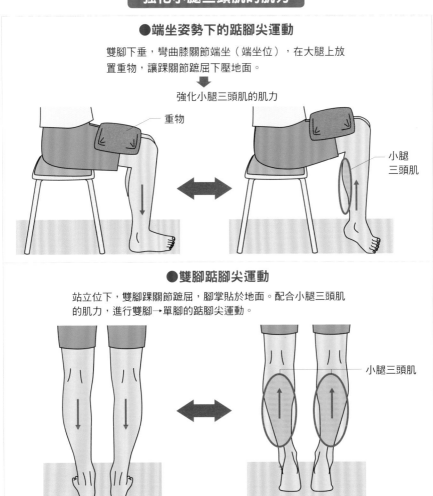

●端坐姿勢下的踮腳尖運動

雙腳下垂，彎曲膝關節端坐（端坐位），在大腿上放置重物，讓踝關節蹠屈下壓地面。

強化小腿三頭肌的肌力

重物

小腿三頭肌

●雙腳踮腳尖運動

站立位下，雙腳踝關節蹠屈，腳掌貼於地面。配合小腿三頭肌的肌力，進行雙腳→單腳的踮腳尖運動。

小腿三頭肌

233

病況與症狀

▶ 網球肘的內在因素包含增齡的變化與技巧不純熟等等

外側型網球肘與內側型網球肘

網球肘可分為兩種類型，一為主訴肱骨外上髁周圍至手部伸肌疼痛的**外側型網球肘（反手網球肘）**；一為主訴肱骨內上髁周圍至手部屈肌疼痛的**內側型網球肘（正手網球肘）**。不只是網球，像是高爾夫、棒球、排球等會作出擊球、投球動作的人都可能罹患網球肘。

根據臨床統計，罹患外側型網球肘的人數比較多，一般會被診斷為**肱骨外上髁炎**，但具體來說是橈側伸腕短肌的肌腱附著部發炎，絕大多數的病例只要透過保守治療就會痊癒。倘若情況嚴重的話，亦可能演變成像皺襞症候群或滑膜炎等關節內的病變。

網球肘的內在因素	**肌肉、肌腱老化變形等增齡帶來的變化**	多發生在35歲至50歲的成人身上，但也有平時不太運動的主婦病例，因此之所以罹患網球肘，可能**與肌肉、肌腱的退化等增齡變化有關**。罹患肱骨外上髁炎，會有手部伸肌、屈肌肌力衰弱的問題，尤其是伸肌的持久力會明顯衰退。
	單手反手擊球造成的衝擊	單手反手擊球需要手部強而有力的背屈動作，**而所有擊球動作也都需要手部伸肌的大量活動力**，所以肌力和柔軟度若不足的話，就容易引發網球肘。
	技巧不純熟造成的衝擊	技巧若不夠純熟，也就是球沒有進入好球區（sweet spot）的話，球撞擊球拍時產生的震動會變大。相較於資深老手只在擊球時強烈收縮手部伸肌和屈肌，初學者在揮拍時就已經大量使用伸肌和屈肌。因此**愈是初學者，肌肉愈快感到疲勞**，這也是引發網球肘的原因之一。
網球肘的外在因素	**練習的時間量與使用次數**	**練習時間愈長，使用手肘的次數愈多**，愈容易引發網球肘。
	網球球拍	**球拍的材質愈硬**，愈能及早減緩球撞擊球拍時產生的震動，但如果沒有擊中好球區的話，衝擊相對會變大。另一方面，球拍尺寸、重量、握把尺寸、網球線的種類與彈性也都與網球肘發生的成因有密切關係。

網球肘的成因

●單手反手拍擊球造成的衝擊

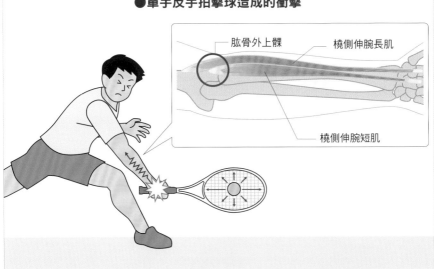

肱骨外上髁　　橈側伸腕長肌

橈側伸腕短肌

單手反手拍擊球時，手腕呈背屈姿勢。背屈造成伸肌附著的肱骨外上髁受到傷害。

●技巧不純熟造成的衝擊

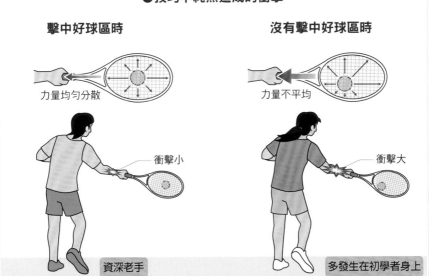

擊中好球區時

力量均勻分散

衝擊小

資深老手

沒有擊中好球區時

力量不平均

衝擊大

多發生在初學者身上

球沒有擊中好球區的話，球撞擊球拍時產生的震動會比較大，是引發網球肘的原因之一。

肘部的自我檢測重點

▶ 從外側、內側依序檢測網球肘的方法

內側型網球肘的檢測重點

若罹患內側型網球肘，在腕關節掌屈與手指屈曲時給予阻力，多數患者會有肱骨內上髁至手部屈肌起始部位疼痛的情況。另外，進行肘部外翻壓力試驗時，若感覺肘關節內側疼痛，疑似罹患肘內側側副韌帶炎。若患者是成長期青少年，恐會招致肱骨內上髁骨骺線的異常，所以務必多加留意。

●肘外翻壓力試驗

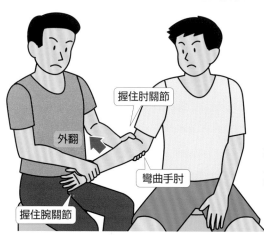

握住肘關節

外翻

彎曲手肘

握住腕關節

肘外翻時，確認是否有以下情況：
● 外翻搖晃程度
● 內側疼痛

於肘關節內側施以外翻外力，檢測是否有內側側副韌帶損傷的情況。

檢測柔軟度	**檢測手指、腕關節的掌屈肌群與背屈肌群的柔軟度**，同時評估肩關節至腕關節的可動性。 肩關節外轉可動範圍縮小會因此增加肘關節內側的伸展壓力，所以，進行肘外翻壓力試驗時，若患者主訴會疼痛的話，就必須針對柔軟度進行檢測。
檢測肌力	**針對手指至腕關節的掌屈肌群、背屈肌群，以及前臂的旋前肌群、旋後肌群之肌力進行評估。**

外側型網球肘的疼痛誘發試驗

在下列的疼痛誘發試驗中，若肘關節外側出現疼痛症狀，疑似肱骨外上髁炎。

●椅子試驗

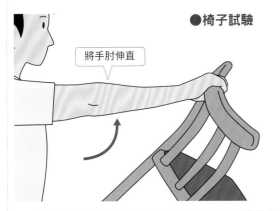

將手肘伸直

在伸直手肘的狀態下舉起椅子。

↓

檢測手部伸肌群起始部位是否有疼痛現象！

●Thompson試驗

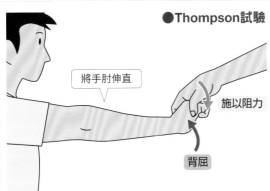

將手肘伸直

施以阻力

背屈

在伸直手肘的狀態下，在腕關節背屈時施以阻力。

↓

檢測手部伸肌群起始部位是否有疼痛現象！

若罹患網球肘，會有強烈的疼痛感。

●中指伸展試驗

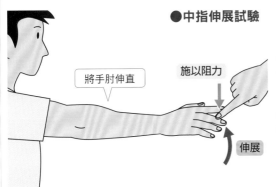

將手肘伸直

施以阻力

伸展

在伸直手肘的狀態下，在中指伸展時施以阻力。

↓

檢測手部伸肌群起始部位是否有疼痛現象！

復健運動的方法

▶ 預防網球肘，慎選用具設備和場地

即便是急性期，也無需完全固定

在劇烈疼痛的急性期，為了舒緩疼痛，以**患部的靜養為優先考慮**。然而，完全固定的方式可能會造成肌肉萎縮或損害本體覺，所以沒有必要將手肘完全固定。

若罹患外側型網球肘，為減輕手部伸肌群的負荷，建議於夜間穿戴豎腕副木（cockup splint），白天則使用彈性貼紮協助腕關節的背屈。另一方面，為了控制急性發炎的症狀，可以進行冰敷等物理治療。若是患部以外的問題，尤其是肩關

改善導致網球肘發生的原因

1 提升技巧與多使用切削擊球方式

若是反手拍擊球引發疼痛的外側型網球肘，就要接受正確姿勢的訓練，確實做到軀幹的旋轉與重心移動。另外，平時輕握球拍，當球撞擊球拍的瞬間再緊握握把就好。打上旋球時腕關節需要用力背屈，若改為切削擊球的話，前臂伸肌群的負荷就會隨之變小。

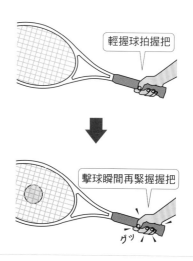

輕握球拍握把

擊球瞬間再緊握握把

グッ

2 改為兩手反拍擊球

若一直無法改善擊球時的疼痛，反拍擊球時可以考慮改用兩手一起握拍。

反拍擊球時，雙手一起握拍

節可動範圍受到限制，可以即時開始進行伸展運動，這些問題就能夠迎刃而解。

疼痛緩解後，開始前臂肌群的復健運動

只要日常生活中不再出現強烈疼痛，即可開始進行提升前臂肌群肌力與柔軟度的肌力強化運動及伸展運動。除此之外，在運動療法開始之前，以改善循環、緩解疼痛、提升柔軟度為目的，先進行熱敷袋、旋流溫水浴療（→P220）等溫熱療法及超音波療法。外側型網球肘，以手部伸展肌群的伸展與肌力強化為主；內側型網球肘則以手部屈肌群的伸展與肌力強化為主（→P215）。

當手握球拍空揮不再出現疼痛現象時，即可再度展開網球活動。但切記要持續進行伸展與肌力強化運動，包含環境因素在內，改善一切會引發網球肘的內外因素。

3 慎選用具設備與場地

選擇球拍時，握把的寬度最好是握住球拍後，還能有容納一隻手指的空間、重量輕、軟硬度適中。網球線選用軟線，才能抑制震動。至於場地方面，最好選擇整理過的人工草坪球場。

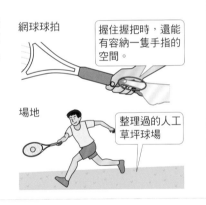

網球球拍

握住握把時，還能有容納一隻手指的空間。

場地

整理過的人工草坪球場

4 矯具與貼紮

市面上有各式各樣網球肘專用的矯具和護具。針對外側型網球肘，多選用可以壓迫手部伸肌起始部位的類型，如此一來，可以減輕手部伸肌收縮時帶給肱骨外上髁的壓力。

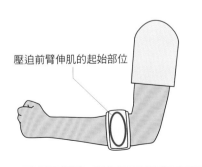

壓迫前臂伸肌的起始部位

英、數

100 公尺短跑的關節角度 — 153
Bennett 病變 — 203
BMI 值（Body Mass Index）
— 83、222
BW（body weight） — 137
carryng angle — 24、214
center of body gravity：COG
— 87
cutting（轉換方向動作） — 193
double knee action（雙重膝作用） — 99、118
EL（external load） — 137
full rotation pattern — 78、80
giving way — 194
IGHLC（下肩盂肱韌帶）
— 13、15
landing（著地動作） — 193
leading limb — 132
MF（mascle force） — 137
MGHL（中肩盂肱韌帶）
— 13、15
non-rotation pattern — 78、80
partial rotation pattern — 78、80
plant and cut phase（轉換方向期） — 160
position — 74
preliminary deceleration phase（減速準備期） — 160
prone position（俯位） — 74
Rancho Los Amigos 步態分析委員會的定義 — 96
RF（compressive reaction force） — 137
RICE 緊急處理原則
— 183、220、226
semirigid brace — 222
SGHL（上肩盂肱韌帶）
— 13、15
side lying（側臥位） — 74
SLAP 損傷（上盂唇前後病變）
— 200
SSC（肌肉牽張－縮短循環的機制） — 166
stopping（減速停止動作） — 193
supine position（仰位） — 74
takeoff phase（離地期） — 160
Thompson 試驗 — 237
trailing limb — 132

二劃

八字帶 — 222
力矩 — 75、106
十字韌帶 — 53

三劃

三角肌 — 13、14、167、172、175
三角肌前端纖維 — 17
三角肌後端纖維 — 17
三角波 — 104
三角骨 — 29
三角韌帶 — 51
三級跳遠 — 154
上孖肌 — 38、41
上坡行走與地面反作用力 — 116
上坡時關節、肌肉的變化 — 116
上盂唇前後病變 — 201
上肢 — 10
上肩投法 — 162
上肩盂肱韌帶 — 13、15
上桿期 — 174
上提 — 11
上提角度 — 149
上揮桿 — 174
上階梯時關節、肌肉的變化
— 120
上階梯動作的肌肉力矩 — 124
上階梯動作的站立期 — 120
上階梯動作的擺盪期 — 120
上臂 — 10
下勾投法 — 162、210
下孖肌 — 38、41
下角 — 11
下坡行走與地面反作用力 — 118
下坡時關節、肌肉的變化 — 118
下肢屈曲、腿部彎舉 — 227
下肢的起身模式 — 78
下肢推舉 — 227
下肩盂肱韌帶（IGHLC）
— 13、15
下桿前期 — 174
下揮桿 — 174
下階梯時關節、肌肉的變化
— 122
下階梯動作的肌肉力矩 — 124
下階梯動作的站立期 — 122
下階梯動作的擺盪期 — 122
下壓 — 11
大菱形肌 — 18
大菱形骨 — 29
大圓肌 — 17、167
大腿上提角度 — 149、152
大腿後肌 — 38、41、48、90、108、147、188
大腿後肌的拉傷 — 182
大轉子 — 36
小指、第五指 — 29
小指外展肌 — 33
小魚際肌群 — 212
小菱形肌 — 18
小圓肌 — 13、15、17
小腿三頭肌 — 55、109、147
小腿三頭肌肌力強化 — 233
小腿三頭肌的伸展運動、強化
— 199
小腿上擺期 — 169
小腿近端抗力 — 194

四劃

不穩定平衡板 — 227
中肩盂肱韌帶 — 13、15
中指、第三指 — 29
中指伸展試驗 — 237
中斜角肌 — 64
中間指骨 — 29、50、52
中間楔骨 — 50、52
互鎖機制 — 12

內力矩 —————— 75
內上顆 —————— 42
內半月板 —————— 43
內在肌 —————— 32、57
內收 —————— 11、14、76
內收大肌 —————— 38、41
內收肌群 —————— 173
內收長肌 —————— 38、40
內收短肌 —————— 38
內科疾患 —————— 184
內側型投手肘 —————— 212
內側型網球肘（正手網球肘）
—————— 234
內側側副韌帶損傷 —— 203、212
內側側副韌帶 —— 23、43、188
內側楔型 —————— 189
內側楔骨 —————— 50、52
內側縱弓 —————— 52、53
內翻 —————— 22、51
內翻扭傷 —————— 217
內轉 —————— 15、76
內髁 —————— 42、48
六條深層外旋肌 —————— 41
反向曲腕 —————— 215
反側腳練投 —————— 211
尺骨 —————— 10、21、29
尺側內收 —————— 32
尺側伸腕肌 —————— 30
尺側屈腕肌 —————— 30
手指的骨骼關節 —————— 28
手提起期 —————— 165、166
手臂彎起期 —————— 165、166
支撐基底 —————— 82
支撐期 —————— 145、146、148
月狀骨 —————— 29
比目魚肌 —— 54、117、119、
121、123、131、135、147、
173
水平內翻 —————— 76

五劃

主作用肌 —————— 91
以腳趾夾毛巾 —————— 220

功能性的行走步態分期 —————— 96
加速期 ·165、166、169、175、
202、203、213
半月板 —————— 43
半脫位 —————— 228
半腱肌 —— 41、49、121、123、
173、188
半膜肌 —— 41、49、173、189
台階高度不一的上樓動作 —— 127
台階高度不一的下樓動作 —— 127
外力臂 —————— 75
外上髁 —————— 42
外半月板 —————— 43
外在肌 —————— 32、55
外科手術治療 —————— 191、220、
228、231
外展 —————— 11、14、76
外展拇長肌 —————— 32
外展拇趾肌 —————— 56
外展拇短肌 —————— 32
外偏角、提物角度 —— 24、214
外側型投手肘 —————— 212
外側型網球肘（反手網球肘）
—————— 234
外側型網球肘的疼痛誘發試驗
—————— 237
外側楔型 —————— 186
外側楔骨 —————— 51、52
外側縱弓 —————— 53
外翻 —————— 22、51
外翻不穩定 —————— 214
外翻壓力試驗 —————— 224
外轉 —————— 15、76
外髁 —————— 42、48
左右方向的地面反作用力
—————— 104、113
平衡板 —————— 221
平衡訓練 —————— 222、227
幼兒與成人的地面反作用力
—————— 113
正集團 —————— 224
生理性肘外偏 —————— 24
生理性彎曲 —————— 59
甩臂動作 —————— 155

田徑競賽的運動傷害 —————— 182

 六劃

交叉動作 —————— 160
仰位 —————— 74
向上旋轉 —————— 11
向下旋轉 —————— 11
向心收縮 —————— 90、108
向後凸出（後突） —————— 59
地面反作用力 —————— 96、104
安全的提舉動作 —————— 138
收尾期 ·165、166、169、202、
203、213
收桿前期 —————— 175
收桿後期 —————— 174
曲腕 —————— 215
有氧運動 —————— 191
耳廓 —————— 64
肋骨 —————— 11、66
肋軟骨 —————— 66
肋間肌 —————— 67
肌內效貼布 —————— 178
肌肉力矩 —————— 106
肌肉收縮的形式 —————— 80
肌肉拉傷的復健運動 —————— 183
肌肉牽張－縮短循環的機制
—————— 166
肌肉離心收縮 —— 47、90、108
肌動痛 —————— 183
肌電圖 —————— 157
自主要素 —————— 95
自由球、任意球 —————— 170
自由球的肌肉活動 —————— 172
舟狀骨 —————— 29、50、52
行走方式會因成長、年齡增長而
有所改變 —————— 110
行走的定義 —————— 94
行走時上肢關節的運動 —————— 100
行走時矢狀切面上的運動 —— 98
行走時作用於關節上的肌肉力矩
—————— 106
行走時的地面反作用力 —————— 104
行走時的肌肉活動 —————— 108

241

行走時重心移動與效率 ——102
行走時橫切面上的運動 ——100
行走時額切面上的運動 ——98
行走速度的增齡變化 ——110
行走速度與地面反作用力 ——114
行走速度與膝關節角度 ——114
行走速度與踝關節角度 ——114
行走速度與髖關節角度 ——114

七劃

伸小指肌（腱）——34
伸拇長肌 ——32
伸拇短肌 ——32、57
伸指肌 ——34
伸食指肌 ——34
伸展 ——14、76
伸展板 ——220
伸趾長肌 ——54
作用於手指動作的肌肉 -32、34
作用於肘關節的肌肉 ——24
作用於肘關節的韌帶 ——22
作用於足部的肌肉 ——56
作用於盂肱關節的肌肉 ——16
作用於肩胛胸廓關節的肌肉 -18
作用於前臂的肌肉 ——26
作用於腕關節的肌肉 ——30
作用於腰部的肌肉 ——70
作用於腳趾的肌肉 ——57
作用於頸部的肌肉 ——64
作用於髖關節的肌肉 -38、40
利用上肢的起身模式 ——78
利用彈力帶強化肌力 ——221
坐姿練投 ——211
坐骨 ——36
坐骨神經 ——41
坐骨結節 ——48
夾擊 ——201
夾擊徵象 ——206
尾骨 ——58
尾骨、尾椎骨 ——58
投手肘的自我檢測重點 ——214
投手肘的復健運動 ——215
投手肘的發生原因 ——212

投手肩的自我檢測重點 ——207
投手肩的伸展運動 ——208
投手肩的旋轉肌群訓練 ——209
投手肩的復健運動 ——208
投手肩的發生原因 ——204
投球動作的分期 ——200
投球動作的演進 ——163
投球動作的種類 ——162
投球動作對肘部的負荷 ——203
投球動作對肩部的負荷 ——202
投球動作與肌肉活動 ——166
投球對手肘的負荷 ——213
步長 ——103
步長的增齡變化 ——111
步幅時間 ——102
步態週期 ——94
步頻 ——102、145、148、152
步頻的增齡變化 ——111
肘外翻壓力試驗 ——214
肘肌 ——25
肘隧道症候群 ——212
肘關節的運動 ——23
肘關節的構造 ——20
角動量守恆 ——150
豆狀骨 ——29
足弓 ——53
足尖最小高度 -108、114、134
足底長韌帶 ——56
足底著地期 ——95
足底腱膜 ——53
足底壓力中心 ——127
足球運動中的運動傷害 ——216
足部的內在肌 ——56
足部的外在肌 ——54
足跟著地期 ——95
足跟離地期 ——95
足墊 ——186
身體重心 ——87
乳突的位置 ——64
使腕關節做出尺偏／橈偏動作的
肌肉 ——31
初速度 ——154、156

八劃

受到行走速度影響的關節角度變
化 ——114
奔跑 ——230
始於肩胛骨的翻身 ——77
始於骨盆的翻身 ——76
屈小指短肌 ——33、57
屈戌關節 ——21
屈曲 ——14、76
屈拇長肌 ——32、54
屈拇短肌 ——32、56
屈指深肌 ——34
屈指淺肌 ——34、174
屈趾長肌 ——55、56
屈趾短肌 ——57
承重反應期 ——96
抵抗力矩 ——223
拇指 ——29
拇指的對掌運動 ——162
枕骨 ——60
物理治療 ——72
物理治療師 ——72
盂肱關節 ——11、12
盂唇前後病變 ——205
空中距離 ——158
空間向量 ——104
股二頭肌 —3919、131、135、
147、157、176、189
股二頭肌長頭 ——48、182
股二頭肌短頭 ——48
股中間肌 ——46
股內側肌 ——40、45、46、85、
117、119
股內側肌的肌力強化 ——227
股方肌 ——41
股四頭肌 —40、46、90、108、
140、147、172、194、196
股四頭肌肌腱 ——45、196
股四頭肌的伸展運動、強化
——198
股四頭肌的作用 ——47
股四頭肌等長運動 ——227
股外側肌 -40、46、121、123、
131、147、176

股肌 ——————47、147

股直肌 -38、40、45、47、90、
　　　　117

股直肌的收縮作用 ——46

股骨 ————42、45、48

股骨外上髁 ——————186

股骨頭 ——————37

股骨髁部 ——————43

股薄肌 　　38、40、117

肩甲骨的喙突 ——————16

肩盂肱韌帶 ——————13

肩盂唇 ————13、14

肩胛下肌 ————13、17

肩胛胸廓關節 ————11、19

肩胛骨 ——————10

肩胛骨的運動 ——————11

肩胛骨的關節盂上結節 ——16

肩胛部位的骨骼與關節 ——10

肩峰 ————10、14

肩峰下滑液囊 ——————14

肩峰下滑液囊炎 ——202、205

肩峰下關節 ——————11

肩帶 ——————10

肩帶周圍肌肉的強化運動 —209

肩部可動範圍 ——————206

肩鎖韌帶 ————11、15

肩鎖關節 ——————11

肩鎖關節損傷 ——————228

肩鎖關節損傷的復健運動 —228

肩關節夾擊症候群 ——————201

肩關節的構造 ——————10

肩關節後旋至最大 ——————200

肩關節後旋至最大起的肌肉活動
　　　　—————167

肩關節超角度 ——201、205

肱二頭肌 -25、27、167、173、
　　　　174

肱二頭肌的起點 ——————16

肱二頭肌長頭 ——13、17、26

肱二頭肌短頭 ————16、26

肱三頭肌 —25、85、167、174

肱三頭肌內側頭 ——————25

肱三頭肌外側頭 ————25、26

肱三頭肌長頭 ————25、26

肱尺關節 ————20、23

肱肌 ——————25

肱骨 ————10、21

肱骨小頭分離性軟骨炎 ——203、
　　　　212

肱骨內上髁 ————20、23

肱骨內上髁炎 ——————234

肱骨內上髁撕脫性骨折 ——203

肱骨外上髁 ————20、23

肱骨外上髁炎 ——————234

肱骨頭 ————10、12

肱骨頭的不穩定 ——————202

肱橈肌 ——————25

肱橈關節 ————20、23

花式滑冰 ——————154

表層肌肉 ——————18

近端指骨 ——28、50、52

近端指間關節（PIP 關節）—29

近端趾間（DIP）關節的屈曲
　　　　—————34、57

近端橈尺關節 ————21、23

近端橫向弓 ——————28

長跑的手臂擺動 ——————151

阿基里斯腱專用矯具 ——232

阿基里斯腱斷裂 ——————230

九劃

保守治療 ——186、189、190、
　　　　191、220、225、226、228、
　　　　231

前十字韌帶 ——————43

前屈式提舉動作 ——————140

前抬腿、下肢伸展 ——————226

前後方向的地面反作用力 ——
　　　　104、113

前突 ——————59

前斜角肌 ——————64

前結節 ——————62

前距腓韌帶 ——————218

前距腓韌帶損傷 ——217、219

前傾角 ——————37

前導臂 ——————174

前鋸肌 ——————19

前縱韌帶 ——————61

前臂 ——————10

前臂肌群的強化、伸展運動
　　　　—————215

前臂的運動 ——————23

前臂的構造 ——————20

前擺盪期 ——————97

匍匐爬 ——————84

垂直方向的地面反作用力
　　　　—————104、113

垂直跳躍 ——————154

垂直跳躍的地面反作用力 —157

垂直跳躍的肌電圖 ——————157

垂直跳躍的運動力學 ——————156

姿位 ——————74

後十字韌帶 ——————43

後扭轉 ——————203

後側型投手肘 ——————212

後斜角肌 ——————64

後結節 ——————62

後距腓韌帶 ——————218

後縱韌帶 ——————61

後擺期 ——————169

急性傷害 ——————180

扁平足 ——————190

拮抗肌 ————90、91

指骨 ————10、28

指間（IP）關節的伸展 -32、57

指間（IP）關節的屈曲 -32、57

指間關節 ————29、51

指間關節的伸展 ————32、57

指間關節的屈曲 ——32、57

衍架 ——————53

風箱 ——————67

食指、第二指 ——————29

十劃

俯位 ——————74

恥骨 ——————36

恥骨肌 ————38、40

恥骨聯合 ——————37

海綿骨 ——————36

狹義的肩關節 ——————11

243

疲勞性骨折（壓力性骨折）-191
疼痛疾患 ———— 184、197
站立中期 ————— 95、96
站立末期 ————————— 96
站立期 ———————————— 95
站起身動作的肌肉活動 ———— 84
胸大肌 ——— 167、173、175
胸骨 ——————— 10、66
胸椎 ———————————— 58
胸椎的運動 ———————— 69
胸椎的構造 ———————— 67
胸腔 ———————————— 66
胸廓出口症候群 ————— 212
胸廓的構造 ———————— 66
胸鎖乳頭肌 ———————— 65
胸鎖關節 ———————— 11
脊柱 ———————————— 36
脊柱的韌帶 ———————— 61
脊柱的構造 ———————— 58
脊髓 ———————————— 59
蚓狀肌 ——————— 34、57
起身動作模式會隨著成長而逐漸
改變 ———————————— 81
起身模式 ————————— 78
起跳距離 ———————— 158
骨刺的形成 ——————— 203
骨盆的前傾 ———————— 98
骨盆的後傾 ———————— 98
骨盆的構造 ———————— 36
骨科疾患 ———————— 184
骨間背側肌 ————— 34、57
骨間蹠側肌 ———————— 56
骨骺病 ———————— 197
骨螯形成（班尼特病變）-203
高步幅跑法 ——————— 185
高步頻跑法 ——————— 185
高爬位 ———————————— 84
高齡者上階梯的動作 ——— 126
高齡者下階梯的動作 ——— 126

十一劃

假肋 ———————————— 67
側步轉換方向 ——————— 160

側走時的肌肉活動 ———— 130
側走時的關節運動 ———— 129
側走時額切面上的重心軌跡
———————————————— 130
側走動作的分期 ————— 128
側肩投球 ———————— 210
側臥位 ———————————— 74
動力鏈 ———————— 164
動態穩定結構 —————— 13
張力 ———————————— 136
強化內側後大腿肌 ——— 227
從仰位至坐位的起身動作 — 82
從仰位至端坐位的起身動作 -78
從仰位站起身的模式 ——— 83
從地上站起身的動作模式 — 82
從地面反作用力來分析揮桿動作
———————————————— 177
從坐位到站立位的起立動作分期
———————————————— 82
從床上起身的模式 ———— 79
從座椅上站起來的動作 —— 86
從座椅起立的動作分期 —— 86
從高爬位起身 —————— 85
從蹲位左右對稱的站起身 — 85
排球競賽的運動傷害 ——— 196
推進 ———————— 106、109
推蹬期 ——— 145、146、148
斜方肌上段纖維 ————— 19
斜方肌下段纖維 ————— 19
斜方肌中段纖維 ————— 19
斜角肌 —————— 65、67
斜度、坡度 ——————— 116
旋前 ———————— 15、100
旋前方肌 ————————— 27
旋前足 ——— 186、188、190
旋前圓肌 —————— 27、167
旋後 ———————— 15、100
旋後肌 ————————— 27
旋流溫水浴療法 —— 220、239
旋轉肌袖 ———————— 206
旋轉肌袖症候群 —— 202、205
旋轉肌袖部分斷裂 ——— 202
旋轉肌袖損傷 ————— 205
旋轉肌群 ———————— 13

桿頭 ———————— 174
梨狀肌 ————————— 41
深層肌肉 ———————— 18
球門線 ———————— 170
球窩關節 —————— 21、37
移動、移位動作 ————— 94
第二肩關節 ——————— 10
第三腓肌 ———————— 54
累積性傷害 ——————— 180
脛股關節 ———————— 42
脛前肌 ——— 45、55、90、109、
    117、119、121、123、131、
    135、147、157
脛前疼痛 ———————— 190
脛骨 ——— 42、45、50、52、191
脛骨後肌 ———————— 54
脛骨骨膜炎 ——————— 190
脛骨粗隆 —————— 44、196
脛骨髁部 ———————— 43
脫臼 ———————— 228
莖突 ———————— 21
趾骨 ———————— 50
趾間關節 ———————— 220
軟腳不穩 ————— 193、194
閉孔 ———————————— 36
閉孔內肌 ———————— 41
閉孔外肌 —————— 38、41

十二劃

喙狀突 ———————— 62
喙狀窩 ———————— 20
喙肩峰弓 ———————— 200
喙肩韌帶 ———————— 15
喙肱肌 ———————— 17
喙肱韌帶 ———————— 13
喙突 ———————— 10
喙鎖韌帶 ———————— 15
單步 ———————— 94、145
單擺運動 ————— 170、229
單關節肌 ———————— 25
掌屈 ———————————— 31
掌長肌 ———————————— 31
掌指（MP）關節 ————— 29

掌指（MP）關節的屈曲
—————————32、34
掌指關節的伸展 —————32、34
掌骨 ————————10、29
掌側骨間肌 ——————34
提物角度 —————24、214
提肩胛肌 ——————19
提舉動作對腰部的負荷 —137
提舉動作與腹內壓 ——139
揮桿的分期 ——————174
揮桿的肌肉活動 ————174
揮桿發球 ——————174
最長肌 —————70、85
棒球投球動作的分類 ——164
棒球肘 ———————212
棘上肌 —————13、17
棘上肌肌腱 ——————14
棘上韌帶 ——————60
棘下肌 —13、15、17、167
棘肌 ———————70
棘突 —————60、62
棘間韌帶 ——————60
椅子試驗 ——————237
椎弓 ———————59
椎孔 ———————59
椎板 ———————59
椎骨 ———————59
椎間盤 —————36、61
椎間盤的功能 ——————61
椎管 ———————59
椎體 —————59、62
減速準備期 ——————160
無名指、第四指 ————29
琴鍵現象、按壓會有浮動的現象
—————————228
短跑的手臂擺盪 151
短跑的姿勢 148
短跑的關節運動 ————148
短跑選手的跑步步態分析 —152
短踢、腳內側踢 —168、216
等長收縮 ————80、108
等張收縮 —————80、90
等速收縮 —————80、90
絞盤效應 ——————53

腓骨 ——42、45、50、191
腓骨長肌 ————54、91
腓骨短肌 ——————55
腓腸肌 —55、90、117、119、
　121、123、147、157、173、
　　　　　　　　　　　176
腓腸肌內側頭 —————54
腓腸肌外側頭 —————54
腕中關節 ——————28
腕骨 ———————10、29
腕掌關節 ——————28
腕關節的骨骼、關節 ———28
菱形肌 ——————19
著地初期 ——————96
著地動作指導 —————195
著地距離 ——————158
貼紮 ———————186
跑步的定義 ——————144
跑步時的肌肉活動 ———147
跑步時的運動力學 ———150
跑步時的關節運動 ———146
跑步速度 ——————145
跑步週期 ——————145
跑步傷害的內在因素 ——184
跑步傷害的外在因素 ——184
跑者膝 ——————186
跗骨 ———————50
跗間關節 ——————220
跗蹠關節 ——————50
距下關節 ——————51
距下關節的運動 ————54
距舟關節 ——————51
距骨 —————50、52
距腿關節（踝關節）—51、218
軸心腳 ——————160
鉤狀骨 ——————29
項韌帶 ——————61
黃韌帶 ——————61

十三劃

亂集團 ——————224
準備期 ——————168
準備蹬地 ——————159

滑車切跡 ——————21
滑動腳跟 ——————232
滑動運動 ——————74
腦震盪 ——————224
腰大肌 —————40、147
腰方肌 ——————70
腰部承受剪力 —————136
腰部承受張力 —————136
腰部承受壓縮力 ————136
腰椎 ———————58
腰椎運動 ——————69
腰椎構造 ——————69
腰痛 ———————196
腱劃 ———————71
腳背踢球 —————168、216
腳趾抓毛巾強化肌力 ——221
腳跟踢 —————168、216
腹內斜肌 ——————71
腹外斜肌 —71、167、172、176
腹肌肌群 ——————71
腹直肌 —71、85、109、172
解剖學上的關節 ————11
跟骨 —————50、52
跟腓韌帶 ——————218
跟腓韌帶損傷 —————217
跟骰關節 ——————51
跟隨臂 ——————174
跨步（距離：步幅）—94、145
跨步長 —————148、152
跨步長（步幅）————145
跨越動作的分期 ————132
跨越動作的肌肉活動 ——135
跨越動作的關節運動 ——134
跳台滑雪 ——————154
跳者膝、髕骨肌腱炎 ——196
跳者膝的復健運動 ———198
跳高 ———————154
跳遠 ———————154
跳遠的地面反作用力 ——159
跳遠的動作分析 ————158
跳躍動作 ——————231
跳躍動作的種類 ————154
跳躍距離 ——————158
運動力學 ——————150

245

運動效果 ——————— 180
運動傷害 ——————— 180
運動傷害的內在因素 ——— 180
運動傷害的外在因素 ——— 180
運動傷害發生的原因 ——— 181
運動學 ——————— 152
過度使用 ———— 200、205
達陣 ——————— 224
鉤鋼板 ——————— 228
預防踝關節扭傷再復發 —— 222

十四劃

構成足部的骨頭 ————— 50
構成膝關節的骨頭 ———— 42
構成踝關節的骨頭 ———— 50
槓桿臂 ——————— 197
滾動 ———————— 74
端坐位 ——————— 79
端坐姿勢下的足跟滑動運動
—————————— 232
網球肘的復健運動 ———— 238
網球肘運動傷害 ————— 230
網球拍 ——————— 234
誤用 ———————— 205
輔助主動運動 ————— 229
遠端指骨 ——— 28、50、52
遠端指間關節（DIP 關節）— 29
遠端指間關節的伸展 —— 34、57
遠端指間關節的屈曲 —— 34、57
遠端趾間（DIP）關節的伸展
—————————— 34、57
遠端橈尺關節 ————— 21
遠端橫向弓 —————— 28
骰骨 ————— 50、52
廣義的肩關節 ————— 11
彈性能 ——————— 156
數學模型 —————— 137

十五劃

樞椎（第二頸椎）—— 58、62
歐氏病（脛骨粗隆炎）—— 197
歐氏病的復健運動 ———— 198

膝內側側副韌帶損傷 192、224
膝內側側副韌帶損傷的治療方法
—————————— 226
膝內側側副韌帶損傷專用矯具
—————————— 226
膝內翻 ——————— 186
膝外翻 ——————— 188
膝前十字韌帶重建術 ——— 194
膝前十字韌帶損傷 ———— 192
膝前十字韌帶損傷的治療方法
—————————— 194
膝前十字韌帶損傷的復健運動
—————————— 195
膝關節伸展結構 ————— 196
膝關節的伸展 ———— 44、47
膝關節的屈曲 ————— 49
膝關節韌帶損傷 ———— 161
衝量 —— 104、116、118、150、
156
豎脊肌 ———— 71、90、109
踏蹲 ——————— 194
踝關節不穩定性的評估 —— 219
踝關節扭傷 —— 192、196、216、
218
踝關節扭傷的復健運動 —— 220
踝關節裝具（護具）的一種 —
222
踝關節矯具 —————— 223
踢球時的動力鏈過程 ——— 168
踢球腳的關節速度 ———— 169
踩踏動作 —————— 231
踮腳尖 ——————— 233
齒突 ———————— 63

十六劃

寰枕關節 —————— 63
寰椎 ————— 58、62
寰樞關節 —————— 63
擒抱 ——————— 224
橄欖球競賽的運動傷害 —— 224
橈骨 ————— 10、21、29
橈骨粗隆 —————— 16
橈骨窩 ——————— 21

橈骨頭 ——————— 21
橈側外展 —————— 32
橈側伸腕長肌 ————— 31
橈側伸腕短肌 ————— 31
橈側屈腕肌 ————— 31
橈側副韌帶 ———— 23、43
橈腕關節 —————— 29
橈腕關節的運動 ———— 29
機能上的關節 ————— 10
橫弓 ———————— 53
橫突 ———————— 62
橫對關節 —————— 51
橫隔膜 ——————— 67
錯誤使用 —————— 205
靜態穩定結構 ————— 13
頭夾肌 ——————— 65
頭狀骨 ——————— 29
頭部外傷 —————— 224
頸夾肌 ——————— 65
頸椎 ———————— 58
頸椎的構造 —————— 62
頸椎運動 —————— 63
頸幹角 ——————— 37

十七劃

壓縮力 ——————— 136
好球區 ——————— 234
環狀韌帶 —————— 23
縫匠肌 ——— 39、40、90、173、
188
縱向弓 ——————— 28
臀大肌 38、41、85、90、108、
117、119、121、123、131
臀小肌 ——————— 38
臀中肌 —— 38、41、108、121、
123、131
薦骨、薦椎 ———— 36、58
薦髂關節 —————— 36
螺旋式貼布 —————— 178
闊背肌 ———— 17、176
闊筋膜張肌 ——— 38、40、173

十八劃

擺盪中期 ————97
擺盪末期 ————97
擺盪初期 ————97
擺盪期 ————95
繞軸迴旋運動 ————23
翻身動作的模式 ——74、76
翻轉現象 ————202
蹠方肌 ————56
蹠肌 ————55
蹠指關節 ————231
蹠骨 ——50、52、191
蹠骨間關節 ————51
蹠趾關節 ————51
蹠趾關節的伸展 ————57
蹠趾關節的屈曲 ————57
軀肌 ————107
軀幹 ————10
軀幹前傾角 ————126
轉動慣量 ————150
轉換方向動作 ————160
轉換方向動作・交叉 ————161
轉換方向期 ————160
雙足行走 ————95
雙峰波形 ——104、114、121、156
雙腳支撐期 ——94、144
雙腳支撐期會隨成長、增齡而延長 ————112
雙腳擺盪期 ————144
雙關節肌 ——25、39

離地期 ————160
髁狀關節 ————29

鵝足黏液囊炎 ————188
鵝足黏液囊炎的復健運動 ——189
蹲踞式提舉動作 ————141
蹲踞動作 ——47、154
關節力矩 ————89
關節不穩定後遺症 ————222
關節內夾擊 ————201
關節可動範圍訓練 ————220
關節外夾擊 ——201、206
關節本體感覺 ————223
關節盂 ————12
關節盂的內壓 ————13
關節盂的傾斜 ————13
關節軟骨 ——36、44
關節運動的表現法 ————76
關節鼠 ————212
關節囊 ——13、22
髂肋肌 ————70
髂肌 ——40、147
髂骨 ————36
髂脛束 ——40、186
髂脛束症候群 ————186
髂脛束症候群的復健運動 ——187
髂嵴 ————36
髂腰肌 ——38、147

籃球競賽的運動傷害 ————192
騰空期 ——145、146、148

護弓具 ————186

纖維環 ————61
髓核 ————61

髖股關節 ————42
髖骨 ——44、45、196
髖骨尖端 ————44
髖骨的構造與功能 ————44
髖骨基部 ————44
髖韌帶 -40、43、45、46、196
鷹嘴疲勞性骨折 ——203、212
鷹嘴窩游離體 ————212

顳腔、顳骨 ————59
髖內翻 ————37
髖外翻 ————37
髖臼 ————37
髖骨 ——37、46
髖關節的伸展 ————49
髖關節的形狀 ————37
髖關節的屈曲 ————47
髖關節的構造 ——36、61

『ぜんぶわかる筋肉・関節の動きとしくみ事典』（栗山節郎監修、川島敏生著、成美堂出版）、『プロメテウス解剖学アトラス』（坂井建雄・松村讓兒監訳、医学書院）、『グレイ解剖学アトラス』（Richard L.Drake ほか著、塩田浩平訳、エルゼビア・ジャパン）、『ゾボッタ人体解剖学アトラス』（Paulsen Friedrichi・Waschke Jensa 著、Churchill Livingstone）、『新版からだの地図帳』（佐藤達夫監修、講談社）、『ネッター解剖学アトラス』（Frank H.Netter 著、相磯貞和訳、南江堂）、『理学療法第 27 巻第 2 号』（田中幸子、対馬栄輝ほか、長部太勇ほか、德田有美代ほか、勝平純司ほか、西條富美代、メディカルプレス）、『理学療法第 20 巻第 10 号』（潮見泰蔵、對馬均、星文彦ほか、メディカルプレス）、『日常生活動作の分析－身体運動学的アプローチ』（藤澤宏幸編、医歯薬出版）、『ゴルフスイング中の筋活動およびキネティックス：プロゴルファーの事例研究、スポーツ科学研究 3 巻』（早稲田大学スポーツ科学学術院）、『バイオメカニクス』（金子公宥・福永哲夫編、杏林書院）、『臨床スポーツ医学第 18 巻第 1 号』（深代千之、文光堂）、『第 11 回世界陸上競技選手権大阪大会、日本陸上競技連盟バイオメカニクス研究報告書』（日本陸上競技連盟）、『ストレングス＆コンディショニング第 13 巻第 9 号』サッカースタイル・フリーキックの解剖学的、バイオメカニクス的分析、（R Olsen ほか、日本ストレングス＆コンディショニング協会）

參考文獻

作者簡介

川島敏生

かわしま・としお

1957 年出生於東京。畢業於社會醫學技術學院理學療法學科、東京衛生學園東洋醫學科，是名醫學博士、物理治療師、針灸師。目前擔任日本鋼管醫院復健科技師長、東都復建學院講師，以及社會醫學技術學院講師。為罹患地域性傷害的高齡者進行復健治療的同時，也以自身的專業（運動傷害的復健運動）為國、高中生，甚至職業運動選手進行復健治療。著有《ぜんぶわかる 筋肉・関節の動きとしくみ事典》（成美堂）、《ＤＶＤでみるテーピングの実際》（南江堂）、《ブラッドウォーカー　ストレッチングと筋の解剖》（翻譯　南江堂）等多部作品。

栗山節郎

くりやま・せつろう

1951 年生於東京，畢業於昭和大學醫學系，是名醫學博士。目前擔任日本鋼管醫院副院長、骨科部長，以及昭和大學醫學系客座教授。為日本骨科學會的認證醫師、日本復建醫學會的認證醫師・專科醫師，也是日本體育協會的運動醫師。曾於 1988 ～ 2002 年擔任冬季奧運滑雪隊的專屬醫師。著有《ぜんぶわかる 筋肉・関節の動きとしくみ事典》（成美堂）、《DVD でみるテーピングの実際》（南江堂）、《ＤＶＤでみるアスレチックマッサージ》（南江堂）等多部作品。

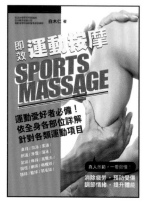

即效運動按摩

15X21cm　　　176頁
彩色　　定價 300 元

全彩圖解按摩手法！專業技術，自我實施！

　　所謂運動按摩，是利用手部、拳頭、肘部或特殊器具，依照特定的方法與手勢，對受施者的肌肉、傷部施行摩擦、揉捏、按壓、震動等按摩手法，以達到實行目的的一種技術。

　　而運動按摩的功用在於提升運動機能、調節緊張情緒、增加心理穩定程度、促進新陳代謝、消除疲勞、防止運動傷害的發生，以及促進患部機能復健。

　　本書由日本體育協會公認的專業運動傷害防護師・白木仁所撰，教授最正確且有效的專業運動按摩手法。

　　內容依照身體部位以及各類運動項目進行分類，詳細介紹各種專業的運動按摩技巧與知識。不僅可以幫自己進行運動按摩，還能為他人實施按摩防護。

　　平時就喜愛運動的各位讀者，在進行運動或競技的前中後，不要忘了施加按摩，運動起來會更加安全舒適，並且得以發揮百分百實力。

瑞昇文化 http://www.rising-books.com.tw

＊書籍定價以書本封底條碼為準＊

購書優惠服務請洽：TEL：02-29453191 或 e-order@rising-books.com.tw

即效運動貼紮

15X21cm　　　192頁
彩色　　定價 300 元

自己動手運動貼紮，有效防止運動傷害。

　　本書所介紹的是能在運動時「幫助預防受傷」的運動貼紮，這也是專業的運動傷害防護員最常使用的防護方法。

　　透過固定、支撐關節與肌肉，能有效預防運動傷害和減輕疼痛。然而，運動貼紮固然有效，一旦貼紮方式錯誤的話則會造成反效果。

　　運動貼紮原本應是由具有解剖學或運動醫學知識的運動傷害防護員來進行，但很可惜的，這些具有專業知識的專家們並沒有多到可以照顧所有的運動選手及運動愛好者。

　　因此本書詳細的介紹運動貼紮的重點知識，希望各位讀者在閱讀本書後，能以正確的運動防護知識，在進行運動之前就先做好自我防護，做個自己的運動傷害防護員。

瑞昇文化 http://www.rising-books.com.tw

＊書籍定價以書本封底條碼為準＊

購書優惠服務請洽：TEL：02-29453191 或 e-order@rising-books.com.tw

TITLE

圖解 肌肉與關節 運動・結構・保健

STAFF

出版	瑞昇文化事業股份有限公司
作者	川島敏生
監修	栗山節郎
譯者	鄭世彬

總編輯	郭湘齡
責任編輯	黃美玉
文字編輯	黃思婷　莊薇熙
美術編輯	謝彥如
排版	執筆者設計工作室
製版	昇昇興業股份有限公司
印刷	桂林彩色印刷股份有限公司
法律顧問	經兆國際法律事務所　黃沛聲律師

戶名	瑞昇文化事業股份有限公司
劃撥帳號	19598343
地址	新北市中和區景平路464巷2弄1-4號
電話	(02)2945-3191
傳真	(02)2945-3190
網址	www.rising-books.com.tw
Mail	resing@ms34.hinet.net

本版日期	2018年4月
定價	300元

國家圖書館出版品預行編目資料

圖解肌肉與關節 : 運動.結構.保健 / 川島敏生作 ;
鄭世彬譯. -- 初版. -- 新北市 : 瑞昇文化, 2015.11
252面 ; 21 X 14.8 公分
ISBN 978-986-401-053-0(平裝)

1.肌肉生理 2.關節 3.運動傷害

397.3   104020487

ZENBU WAKARU DOUSA UNDOUBETSU KINNIKU KANSETSU NO SHIKUMI JITEN
© TOSHIO KAWASHIMA 2014
Originally published in Japan in 2014 by SEIBIDO SHUPPAN CO.,LTD..
Chinese translation rights arranged through DAIKOUSHA Inc.,Kawagoe.Japan.